内蒙古历史建筑 丛书

# 草原文明建筑

王大方　　主编

中国建筑工业出版社

CHINA ARCHITECTURE & BUILDING PRESS

图书在版编目（CIP）数据

草原文明建筑 / 王大方主编. — 北京 : 中国建筑
工业出版社，2020.10
　（内蒙古历史建筑丛书）
　ISBN 978-7-112-25652-5

　Ⅰ．①草… Ⅱ．①王… Ⅲ．①古建筑—研究—内蒙古
Ⅳ．①TU-87

　中国版本图书馆CIP数据核字 (2020) 第237345号

　　《草原文明建筑》，以较大篇幅收录、记载了在内蒙古大地上，从人类原始社会石器时期最古老的"洞穴"、"半地穴"遗址，到青铜时代草原先民建立的居住遗址，以及数千年前的商周城址、秦汉长城和唐宋、辽金、西夏、元明时期到近代的村落、驿站、窑址、墓葬、石窟等建筑遗存。

责任编辑：唐　旭
文字编辑：陈　畅
责任校对：王　烨

内蒙古历史建筑丛书
草原文明建筑
王大方　主编
＊
中国建筑工业出版社出版、发行（北京海淀三里河路9号）
各地新华书店、建筑书店经销
内蒙古启原文物古建筑修缮工程有限责任公司制版
临西县阅读时光印刷有限公司印刷
＊
开本：880毫米×1230毫米　1/16　印张：13¾　字数：826　千字
2021年5月第一版　　2021年5月第一次印刷
定价：139.00元
ISBN 978-7-112-25652-5
　　（36628）

编委会

编委会主任：冯任飞
编委会副主任：王根小
编　　　委（以姓氏拼音字母排序）：

　　　　鲍新海　蔡　莉　陈　鹏　樊高原　高红军　霍玉军　雷儒鑫

　　　　冷会杰　李俊奎　刘东亮　罗晓春　苗润华　邵海旭　史贵俊

　　　　王大军　王胜利　王世华　王文玺　王旭东　王永亮　魏艾林

　　　　温　涛　岩　林　张国民　张金东　张鹏举　张晓东　赵海涛

　　　　郑永峰

主　　　编：王大方
副　主　编：张晓东　李　铸　吕文广　陈雅光
主要参编人员（以姓氏拼音字母排序）：

　　　　巴特尔　白云峰　陈　龙　陈　盛　程　明　初　智　樊慧杰

　　　　付　杰　高　翔　顾宗耀　郭安金　韩鹏飞　贺　伟　侯世平

　　　　侯智国　胡小虎　黄日丰　康　瑛　寇丽琴　李　浩　李　璟

　　　　李　铸　李浩宇　李华琨　李建新　李少兵　李婉琪　李文巧

　　　　李应龙　李元晨　李云飞　李智波　刘　焱　刘贵恒　刘丽娜

　　　　马巴雅日图　马彩霞　马额尔敦必力格　马格根塔娜　马慧渊

　　　　牧　乐　齐　放　秦永胜　任开奋　石　俊　孙　宇　索秀芬

　　　　托　娅　王　博　王　浩　王　磊　王　晓　王宏恩　王任渥

　　　　王硕婕　王云霞　武　彪　杨　静　杨　志　叶　磊　翟海涛

　　　　张　丽　张春香　张人元　张文芳　张贤贤　赵　扬　赵　影

　　　　赵明君　赵瑞霞　郑　亮　郑虹玉　庄　婧

主编单位：内蒙古自治区住房和城乡建设厅
　　　　　呼和浩特市自然资源局
编撰单位：内蒙古启原文物古建筑修缮工程有限责任公司
　　　　　内蒙古工大建筑设计有限责任公司
　　　　　呼和浩特市城乡规划设计研究院

# 序

　　《内蒙古历史建筑丛书》是内蒙古自治区建设、文物、考古部门的有关专家协作编写的一套内蒙古历史建筑类丛书。本书较全面地介绍了全自治区各地现存的古遗址、古墓葬、古建筑、重大历史建筑、少数民族建筑、近现代历史建筑。

　　《革命遗址建筑》，收录了内蒙古地区现存具有代表性的革命建筑近百处。这些建筑中，有革命先辈的故居、革命活动的旧址、烈士陵园、纪念馆、纪念碑以及反映历史上不同时期重大事件的建筑等。

　　革命遗址建筑是革命历史的载体，记载和见证了内蒙古各族人民近百年来维护国家主权，抵御外侮，在中国共产党的领导下争取民族解放的长期卓绝的斗争历史。这些建筑都是我们牢记历史，缅怀先烈，进行爱国主义、革命传统教育的宝贵资源。

　　《草原文明建筑》，以较大篇幅收录、记载了在内蒙古大地上，从人类原始社会石器时期最古老的"洞穴"、"半地穴"遗址，到青铜时代草原先民建立的居住遗址，以及数千年前的商周城址、秦汉长城和唐宋、辽金、西夏、元明时期到近代的村落、驿站、窑址、墓葬、石窟等建筑遗存。

　　大量的古遗址、古建筑以及遗存的各种生活用具和墓葬绘画等，不仅记录了不同时期草原先民狩猎、游牧、农耕的生活场景，也见证了草原历史上曾有过的建筑文明。

　　《民族传统建筑》，选录了内蒙古地区现存早期和近现代的古建筑五十余处。这些古建筑各具民族特色和地域风貌。其中有不同历史时期的各种民居，以及王府、衙署、寺庙、古塔、教堂、商肆、会馆、戏台等建筑。这些古建筑具有代表性和典型意义，是内蒙古地区不可多得的历史建筑。

　　内蒙古现存众多不同历史时期的古建筑，不仅让人们看到了内蒙古地区传统建筑中的历史和人文价值，也展示了我们中华民族的智慧和伟大祖国多元多彩的建筑文化。

　　《近现代工业建筑》，选录内蒙古地区具有代表性的工业建筑五十余处。其中包括了内蒙古地区自近现代以来的冶炼、钢铁、机械、电力、煤化、轻工、能源、化工、以及纺织、制药、肉联、糖业、食品加工等建筑的遗址和遗存。

　　通过对内蒙古地区现存部分重要工业建筑的介绍，可以了解自近现代以来，内蒙古的工业建设从无到有，逐渐发展的历史。尤其是新中国成立后，在中国共产党的正确领导下，内蒙古地区的工业建设得到飞速发展的光辉历程。

《名城名镇名村历史街区建筑》，着重介绍了呼和浩特市国家历史文化名城和内蒙古地区具有代表性的历史文化名镇、名村、历史文化街区及传统村落数十处。其中一些历史悠久的名镇、名村、传统村落都是多民族杂居的。其民居类型多样，有撮罗子、木刻楞、蒙古包、窑洞房、土砖房等。这些建筑都是人类信念与智慧的结晶。

内蒙古地区现存的历史名镇、名村、传统村落，其居住环境、街区布局都各有特色，不仅保存了历史上不同时期的街区景观、建筑风格和建筑艺术，还保留了当地民众千百年来形成的传统民俗以及传承至今的节庆活动。这些城镇和村落不仅展示了历史的厚度，也传承了文脉，留住了乡情。

本套丛书在系统调查和科学研究的基础上，论述了内蒙古地区历史建筑形成的源流和其演变、传承的发展史，并较为详细地介绍了各个不同历史阶段的各种建筑和建筑艺术以及历史建筑的时代背景、民族文化的传承等相关知识，是一套较全面反映内蒙古自治区历史建筑的丛书。

冯任飞

2020 年元月

# 目录

第一篇

# 石斧拓荒·穴居崖处

## ——内蒙古旧石器时代的建筑文明遗产

内蒙古草原文明发源于距今50万年前。远古先民在大窑遗址劳动、生息、繁衍。他们以石斧拓荒，依靠洞穴为家，茹毛饮血、钻木取火、打制石器，敲击出了内蒙古草原文明的第一缕火花。草原先民从原始社会走来，他们居住的洞穴和山崖石缝是内蒙古地区最古老的"建筑遗存"。从1970年代起，内蒙古考古工作者在大窑南山发现了距今50万年前的人类打制石器的石器制造场，以及为数众多的古代哺乳类动物化石。这项重大的考古发现，把内蒙古地区人类活动的历史追溯到中国原始社会历史的源头，与北京猿人周口店遗址同时代。

　　事实证明：中华民族的古老文明，是祖国各个地区、各民族在漫长的历史中用劳动和智慧共同缔造的。内蒙古草原以其博大的胸怀，哺育着生长在这里而尚处于幼年的人类。几十年来，内蒙古考古工作者在中部的大窑，以及东部的扎赉诺尔，西部的萨拉乌苏河畔，发现了多处旧石器时代人类生活居住的遗存、哺乳动物化石、石器等生产工具。这些发现表明，从远古的旧石器时代早期直至中晚期，内蒙古地区已有古人类在劳动、生息和繁衍。

　　历史研究与考古发现表明：内蒙古是亚洲古人类文明的发祥地之一。如果说内蒙古草原文明是一座雄伟的大厦，那么以大窑遗址为代表的旧石器时代文化遗址，就是这座大厦的奠基石。呼和浩特市保合少乡大窑村，则是内蒙古地区远古人类的摇篮。从大窑遗址到萨拉乌苏河畔，从扎赉诺尔森林草原到金斯太洞穴，远古先民们以自己的奋斗精神为草原文明大厦的奠基，作出了伟大的贡献！

# 一、大窑遗址——草原文明宏伟建筑的奠基石

大窑遗址远景

### 遗产概况和历史沿革

全国重点文物保护单位——大窑遗址，位于内蒙古自治区首府呼和浩特市东北郊33公里大窑村南山，是国内外面积最大的古人类石器制造场。大窑遗址的发现，奠定了内蒙古草原文明大厦的基石。

1973年，内蒙古博物馆的汪宇平先生在呼和浩特市东北保合少公社大窑村的南山坡上，首次发现了大窑遗址。大窑村南山的海拔为1400多米，占地面积约2平方公里，在山的周围分布着硬度很高的燧石块，被老乡称为"打火石"。清末至民国年间，专门有人来这里开采燧石，制成"打火石"售卖。开采久了，南山被挖出了一些较大的窑洞，这就是"大窑村"的来历。

### 遗产的主要内容

（1）根据古地磁、放射性碳素断代、石器型制等考古学测定等断代方法，大窑遗址年代为距今50万年至1万年前，分旧石器时代早期、中期、晚期三个阶段。

（2）大窑先民们居住的洞穴和山崖石缝是内蒙古地区最古老的"建筑遗存"。

（3）依据石器类型，定名为"大窑文化"，这个时期的石制品种类多样，有石核、石片、多种砍砸器和刮削器，其中龟背形刮削器独具特色，是该文化的典型石器。

（4）与人类同时期的其他哺乳动物有肿骨鹿、真马、啮齿动物、鸵鸟、羚羊、原始牛、赤鹿、披毛犀、虎、古菱齿象等，表明大窑先民处在狩猎采集的原始阶段。

"无字天书"——大窑四道沟考古地层剖面

**遗产的重要价值**

（1）经我国著名旧石器时代考古学家贾兰坡等鉴定：大窑遗址为旧石器时代早期的文物遗迹，是一处大型的石器制造场，是国外罕见的旧石器时代的重要文化遗址，具有重要的科学价值。

（2）大窑文化遗址是国内外面积最大的古人类石器制造场，也是我国罕见的大型旧石器制造遗址。遗址分属旧石器时代早期第一、第二阶段，旧石器时代晚期，中石器时代和新石器时代。它的发现对于研究中国旧石器的制作程序和工艺技术，提供了重要的实物资料，在我国旧石器时代考古学上有重要意义。

（3）大窑遗址的"无字天书"，位于兔儿山四道沟人工发掘的百米长廊中，考古发掘的剖面高达15米。它是一个完整的地层剖面，土质层次分明，虽然无字，但鲜明记载着大窑文化的历史年代，即记载着人类旧石器时代初期到新石器时代晚期，1万年前到50万年前的漫长岁月和地球所经历的巨大变化，是一部令人难以读尽的"历史巨著"。它举世无双，一位日本考古学者来此参观后也感叹不已。他说："在日本也有一部无字天书，只不过是记载20万年前历史的"。

（4）在四道沟考古发掘的剖面下，发现有猿人烧火的灰烬遗迹，有古人吃过的肿骨鹿和普氏羚羊残骨化石，人工打磨成的大量的石器和半成品石器，其中以龟背形刮削器

大窑先民捕猎肿骨鹿蜡像

最富有特色，反映了一定的地方性。还有石渣等遗迹到处可见。

（5）2011年以来，内蒙古博物院与中国科学院古脊椎动物与古人类研究所合作，继续对大窑遗址进行新一轮的考古研究，对于大窑多个编号的洞穴遗址的内涵有了更为全面的认识。考古学者认为：大窑村南山坡是横亘在内蒙古西部的阴山山脉大青山南面的支脉，山下有溪涧流水，适宜于远古人类的居住。估计远古人类的居地，应在附近的大青山麓，只是由于年代太久，目前还很难查找。

（6）考古工作者在大窑发现的"龙含蛋"石窝子遗址表明：这里宜于先民们栖息，是

大窑遗址出土的带有火烧痕迹的肿骨鹿化石

大窑先民打制石器、制作工具雕塑

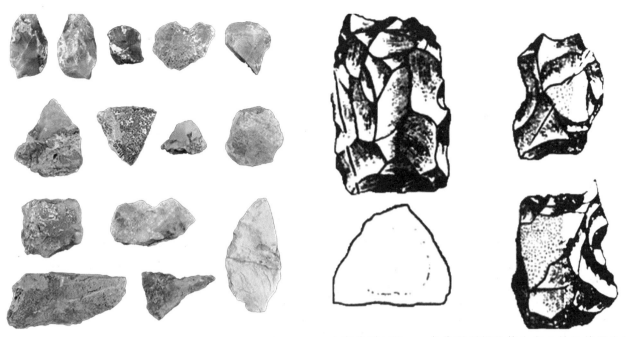

大窑典型石器——龟背形刮削器等生产工具及其墨线图

内蒙古地区最古老的"建筑遗存"。对于研究内蒙古地区旧石器时代远古人类的居住和生活环境，提供了及其重要的实物资料，具有巨大的研究价值。

大窑遗址的发现，为研究草原文明早期旧石器时代文化的起源和发展提供了极为重要的资料。由于大窑遗址的发现，证明了内蒙古阴山之南也已有原始人活动，他们与北京周口店人共存，但它的面积之大、出土文物之多是少见的。大窑遗址的发现，对研究祖国北疆内蒙古的历史文化发展，提供了新的史料和证据。

大窑"龙含蛋"石窝子遗址，这里宜于先民们栖息，是内蒙古地区最古老的"建筑遗存"

萨拉乌苏遗址

## 遗产概况及历史沿革

全国重点文物保护单位——萨拉乌苏遗址，位于内蒙古鄂尔多斯市乌审旗无定河镇萨拉乌苏河两岸。这里是"河套人"的故乡，"河套人"是中国境内第一个被命名的原始人类化石（1922年），比"北京猿人"命名的时间（1927年）还要早，可以称为"草原第一人"。他们的生活时代为距今13.5万~7.5万年前，相当于旧石器时代中期。

1922年，法国地质及古生物学家、北疆博物馆（天津自然博物馆前身）创办人桑志华在鄂尔多斯高原南端的乌审旗萨拉乌苏河河岸砂层中，发现了古人类左上侧门齿1枚，牙齿大小与现代人相似，齿冠结构具有原始特征。1956年，内蒙古博物馆汪宇平也在该区域又发现1件人类顶骨化石和股骨化石。

萨拉乌苏河畔是鄂尔多斯人化石及其旧石器制品、丰富的脊椎动物化石产地和我国北方晚更新世河湖相标准地层剖面测制地点，在国内外有较大影响。萨拉乌苏河流域的古

河套人头盖骨化石

今地理、气候、生态环境、物产、动植物面貌及其变迁，一直是中外古人类学家、古生物学家、考古学家和地质学家关注与深入研究的对象。

## 遗产的内容和重要价值

（1）萨拉乌苏遗址是我国及东亚地区首次发现人类化石的重要遗址，也是中国第一个正式进行科学发掘的旧石器文化遗址。

该遗址的考古发掘为中国引入了西方旧石

萨拉乌苏遗址——地层剖面

器时代考古的先进理论、技术与方法，并对周口店遗址等一系列重要史前遗址的发现、发掘和研究，乃至中国旧石器考古学的形成和发展，都起着巨大的推动作用，具有奠基性的里程碑意义。

（2）萨拉乌苏遗址是著名的"鄂尔多斯人"

河套人使用的石器

（河套人）、"鄂尔多斯文化"（河套文化）、"萨拉乌苏动物群"以及我国北方晚更新世河湖相标准地层萨拉乌苏组的发现地及命名地。

（3）萨拉乌苏遗址埋藏有大量的更新世晚期动物化石，门类齐全，地域、时代特征鲜明，地层堆积清晰，化石出土层位明确。因此，作为华北地区第四纪更新世晚期哺乳动物化石和地层堆积的"标准地点"，载入我国乃至世界古生物、古地质研究的史册。

## 遗产的重大意义

（1）萨拉乌苏遗址是"河套人"的家园，他们在这里聚集为群体，相依为命过着洞居穴聚、钻木取火、打制石器、茹毛饮血的原始生活。当时人狩猎的动物有诺氏古菱齿象、披毛犀、鄂尔多斯中国大角鹿、普氏野马、恰克图转角羚羊、王氏水牛和原始牛等47种，近代多数已绝种。

在未发现"河套人"以前，中国究竟有无旧石器时代遗存，尚属未解之谜。"河套人"的发现，填补了中国旧石器时代考古的空白，揭开了中国古人类研究的帷幕。此后的1927

年，"北京人"化石被发现，使中国成为世界古人类四大进化链之一。

（2）萨拉乌苏河流域位置较特殊，地处毛乌素沙漠与黄土高原接壤的沙漠——黄土边界带，是一个生态环境脆弱、对气候变化非常敏感的地区，在我国华北地区第四纪的古生物、古地理、古气候的变化史领域均占据十分重要的地位，具有极高的研究价值。

（3）萨拉乌苏遗址在中国乃至世界考古学、体质人类学研究、地质研究等领域均具有较大影响力，对于研究人类的进化过程和晚期智人的体质特征、我国旧石器的文化类型和特征等均具有十分重要的价值。

萨拉乌苏博物馆内"河套人"生活场景复原图

# 乌兰木伦遗址——生长在河湖之滨的草原先民

乌兰木伦遗址

## 遗产概述和历史沿革

内蒙古自治区重点文物保护单位——乌兰木伦遗址，位于鄂尔多斯康巴什新区乌兰木伦河北岸，是继 1922 年发现河套人化石及萨拉乌苏遗址后，内蒙古又一次史前文化的重大发现。经北京大学测定，该遗址时代为距今约 3 万年至 7 万年，属于旧石器时代中期。在这一历史时期，当地河湖纵横，生态优良，乌兰木伦的原始先民生活在河湖之滨的密林和崖缝中创造了内蒙古的早期文明。2011 年，乌兰木伦遗址被评为中国六大考古新发现之一。

## 遗产的基本情况

（1）这里具有人工痕迹的动物化石比例约为 10%，骨制工具有尖状器和骨刀。大批的烧骨与用火遗迹的发现表明：乌兰木伦先民已经具有了熟食的条件。这是草原文明发展史上一个重大的进步。

（2）在乌兰木伦遗址的考古发掘中，出土 4200 余件人工打制的石器、3400 余件古动物化石。动物化石有披毛犀、马、河套大角鹿、巨驼、牛、仓鼠和兔。鉴定表明，其动物群属于"萨拉乌苏动物群"。

乌兰木伦遗址出土的部分动物化石

## 遗产的重大意义

（1）乌兰木伦遗址地处东亚北部人类迁徙的重要腹地，属于旧石器时代中期，处于现代人起源的敏感时空阶段；结合我国华北其他相关遗址的证据，将为该主题的探讨提供全新的宝贵材料；为内蒙古、华北、东亚地区研究该阶段增加了新的内容，有望调整以往关于中国旧石器中期的看法，推动了中国旧石器分期的理论研究。

（2）至2016年底，乌兰木伦遗址共出土18000多件古动物化石（包括筛选的动物骨骼可达36000余件），据中国科学院古脊椎动物与古人类研究所董为研究员鉴定表明，乌兰木伦动物群中披毛犀的数量最多，其次是普氏野马，然后是河套大角鹿，最后是诺氏驼、牛和兔。从动物群的组成来看，当时的气候逐步寒冷，人类在生活、居住、保暖、狩猎的条件逐渐进步，如此才能保证乌兰木伦先民的生息发展。

乌兰木伦遗址出土的基本完整的披毛犀化石

乌兰木伦遗址是继1922年发现萨拉乌苏及水洞沟遗址后，内蒙古鄂尔多斯地区的又一次史前文化的重大发现，对于构架草原文明大厦具有极其重要的基础意义。

乌兰木伦遗址对于研究鄂尔多斯高原的第四纪地质学、古环境学、古人类学、古生物学等相关学科具有不可替代的科学价值，势必对东亚史前史和第四纪研究领域产生重要影响。

乌兰木伦原始先民居住生活场景

# 、金斯太洞穴——原始人居住的"建筑物"

金斯太洞穴遗址

## 遗产概况及历史沿革

    全国重点文物保护单位——金斯太洞穴，位于内蒙古锡林郭勒盟东乌珠穆沁旗阿拉腾合力苏木巴德拉胡嘎查，洞口海拔 1427 米。金斯太为蒙古语，意为管帽。洞穴地处锡林郭勒高原乌珠穆沁盆地西缘，周围水源丰富，其西、西北、东南均有水泉出露，东南约 6 公里处有本布根淖尔（湖），东面 9 公里有高原内陆河杭盖郭勒河，西北——东南流向。

    2000 年，内蒙古文物考古研究所、锡林郭勒盟文物站联合进行首次考察并发掘。2001 年，吉林大学加入到联合发掘队，进行了第二次发掘。两次发掘面积约 80 平方米，出土了石制品四千余件和大量动物骨骼化石。2012 ~ 2013 年，内蒙古博物院与中国科学院古脊椎动物与古人类研究所合作，继续对金斯太洞穴遗址进行了第三次和第四次发掘，发掘面积 10 多平方米。

考古人员在考察洞口

2012 年金斯太遗址发掘前

2012 ～ 2013 年金斯太遗址发掘后

## 遗产建筑价值

（1）金斯太洞穴是草原先民在旧石器时代居住、生活的场所，也是在内蒙古地区发现的古人最早居住的洞穴之一，可称为"草原第一洞"。

（2）洞口前面为长约 100 米的缓坡，两侧是相对高度 10 ～ 20 米的低山，正对着一条东西横亘的低缓山梁，对冬季西北风起到了阻挡作用。洞穴口部最宽阔，向内逐渐变窄，中部以后顶部变高，豁然开朗，便于保温避风，是草原先民理想的栖息地。

在旧石器时代，由于生活和居住条件极为艰苦，草原先民只能随季节变化追逐植物和动物迁徙，过着采集狩猎生活，居无定所，因此他们把山洞作为最重要的居住场所，并且世代传承生息繁衍，留下了十分丰富的生活堆积，为后代的考古学家们提供了宝贵的研究资料。

## 遗产的重大价值

（1）从旧石器时代开始，这里就有草原古代先民在此居住。这个洞穴内的人类活动时间长，堆积最厚达 6 米以上，共分 8 层，每层又分为若干亚层，成为一部探索研究内蒙古草原文明早期历史的"无字天书"，受到了人类学家的高度重视，因而具有十分重要的研究价值。

金斯太遗址洞口

（2）这里的地层分为两个大的阶段，第一阶段为3～8层，属于旧石器时代，第二阶段为1～2层，属于青铜时代。第一阶段是旧石器时代晚期，最晚已经进入新石器时代晚期，年代在3.6万～1万年。古人类在这里遗留下了石器、动物骨骼和用火痕迹等。对于草原文明人类学、环境学研究价值意义重大。

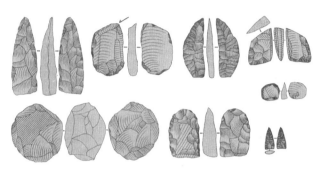

金斯太遗址上文化层发现的石制品

（3）这里动物的种类有披毛犀、普氏野马、野驴、野牛、最后鬣狗、骆驼、转角羚羊和鹿科动物等，对于草原动物与环境学研究价值意义重大。

（4）这里的石器属于旧石器晚期，石器为小石片以及以小石片为毛坯加工的刮削器，还有雕刻器、石钻、砍砸器、石球工具，对于研究草原早期文明的劳动工具，具有重要价值。

（5）研究表明：随着洞穴周围的生物趋于多样化，古人的狩猎能力、制作石器工具的能力也有所提高。在旧石器时代晚期的末段，这里的石器以细石器工业为主，种类有石叶、石核、刮削器、石钻、舌形器、石镞、石矛头、锛形器等。

（6）新发现的旱獭、鸟类等化石表明：这里的古人在大量猎取旱獭、鸟类等小型动物。这就说明，洞穴居民的生产工具及狩猎方式发生了变化，由原来单一的追逐打猎向设陷阱、挖动物洞穴等多种方式转变。第二阶段属于青铜时代，出土有石器、陶器、铜器、骨器、玉器等，陶器有夹砂灰陶罐、蛇纹花边口鬲、敛口瓮、泥质钵和陶范等，从遗物特征分析，第二阶段处于商代阶段。

金斯太洞穴是蒙古高原上人类居住的洞穴之一，也是在内蒙古地区发现的古人最早居住的洞穴之一。这个天然的洞穴就是内蒙古草原先民在旧石器时代居住、生活的场所。

金斯太洞穴的草原先民生活场景复原蜡像

# 五、扎赉诺尔人——扎赉诺尔人的文明

扎赉诺尔矿区

### 遗产概述和历史沿革

内蒙古自治区重点文物保护单位——扎赉诺尔遗址，位于内蒙古满洲里市东南部，南濒浩瀚的呼伦湖。19世纪30年代，第一个扎赉诺尔骨骼化石在扎赉诺尔矿区被发现，研究表明，扎赉诺尔人生活在距今1万年以前，过着狩猎、渔捞、采集的群居生活。此后，在扎赉诺尔矿区陆续发现共16具人类头骨化石。其顶骨、颧骨突出，眉弓粗壮，门齿呈铲状，与山顶洞人同属蒙古人种，处在新人阶段，是亚洲及中国北方现代人类早期阶段古人类的代表。

### 遗产的基本情况与重要价值

（1）在扎赉诺尔发现的哺乳动物动物化石有猛犸象、披毛犀、野牛、野马、虎、鼠、狗和马鹿等。鉴定表明，这些动物属于晚更新世时期东北地区哺乳类动物群。特别是20世纪80年代初期，先后在深达30余米的地层中发现两具保存相当完整的猛犸象和披毛犀骨骼化石，具有重大意义。

扎赉诺尔人像复原

（2）据测定，扎赉诺尔人距今约1万年，是生活在寒冷的东北地区的北亚蒙古人种，他们穴居野处、以森林草原为家，依靠着集体的力量，运用投矛、弓箭、陷坑来猎获猛犸象和披毛犀等大野兽。为了抵御北方林海雪原的严寒，他们发明了骨针，用来缝制皮衣御寒。

（3）扎赉诺尔人的活动范围很广，包括了整个北亚地区，他们能用玛瑙等坚硬的石料制造箭头、圆头刮削器、石叶、石片、石核和渔猎工具，这类石器被称为草原细石器。在这一阶段，构成草原狩猎文化基础的条件之一弓箭，这时候已经被人类所发明和使用了。

（4）弓箭的发明和使用，所起的作用如同后世人发明火药一样重要。弓箭的使用，延长了人类的臂膀，如果猎获的动物多了，人类就可能驯化一部分动物，在扎赉诺尔遗址出土的化石中，发现有马和狗的骨骼化石。

扎赉诺尔人猎获猛犸象场景图

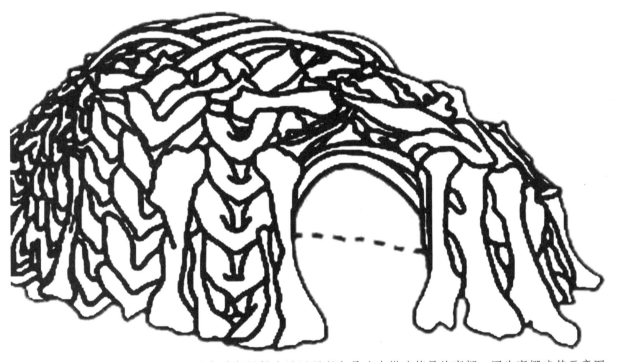

为了抵御严寒，扎赉诺尔原始先民用猛犸象骨头来搭建简易的窝棚。图为窝棚建筑示意图

有了弓箭，再加上人类最早的朋友——马和狗，扎赉诺尔人就完成了历史的跨越，成为早期的猎人了。

（5）扎赉诺尔文化是我国草原文化早期重要代表和组成部分，距今1万多年前，生活在扎赉诺尔草原森林地区的扎赉诺尔人，创造的独具特色的早期狩猎文化，为构建草原文明大厦奠定了坚实的基础，具有跨时代的重要意义。

第二篇

# 玉龙经天·聚落为村

## ——内蒙古新石器时代、青铜时代的建筑文明遗产

人类经过几十万年漫长而艰苦卓绝的奋斗和进化，开始步入了新石器时代。在内蒙古兴隆洼、红山发现了一批具有代表性的新石器时代建筑遗址。在巍巍红山脚下，远古的先民开拓了赤峰大地，为中华文明的进步作出了贡献，玉龙文化从这里出现。草原先民从原始社会走向文明，他们建立了聚落、村庄，居住的草屋和土房，是内蒙古地区最古老的"村庄和聚落房屋建筑遗存"。

例如，在乌兰察布园子沟发掘出土的窑洞距今5000多年，它也许是中国历史上最早的窑洞。这些窑洞为里外两间，墙壁和地面上抹着白灰面，地面上的灶火似乎刚刚熄灭，还留着赤红的痕迹。在凉城县岱海之滨的老虎山上，考古工作者还发现一处约10万平方米的新石器时代人类垒建的石城遗址。这里发现有环绕遗址周围的石围墙，这是内蒙古地区最早的石城建筑之一，对于研究中华文明石城建筑的起源具有重要的价值。这种石城以及遗址中发现的各种三足陶器，证明了当时的人类已经开始迈进建筑文明的门槛。

中国是龙的故乡，在内蒙古翁牛特旗发现的距今五千年前的碧玉龙，已被全国文物界公认为"中华第一龙"。在玉龙上，刻有马鬃、猪嘴、蛇身，考古专家推断，当时人类已处于部落联盟的发达阶段，因为龙的形象是许多崇拜各种动物的小部落聚合为大酋邦以后，所共同崇拜的动物图腾。

似乎与东方玉龙遥相呼应，在内蒙古草原各地，又出现了青铜文明，考古人员在内蒙古东部和西部分别发现了古铜矿的冶炼遗址。考古工作者通过多年的研究，确定这是古代北方游牧民族的文明。此外通过多年的研究，发现了远古以来游牧人刻在大山上的无数幅岩画，其中有许多建筑图案例如：穹庐、毡帐、庙宇、塔，刻画了草原先民心中的建筑形象和部落分布情况，对于研究草原游牧地区的建筑文化提供了重要的实物图案。从内蒙古地区数量丰富的出土文物我们可以发现：内蒙古地区的先民在新石器时代、青铜时代即与中原地区的先民一道，共同缔造了内蒙古草原的建筑文明。

关于内蒙古草原文明与黄土高原文明的互相影响，苏秉琦先生针对山西陶寺文化的特色指出，"它是独一无二的，是北方、中原两大文化汇合点上相互撞击发生裂变形成的一颗新星"。内蒙古考古学家田广金、郭素新以"大青山下斝与瓮"为题，指出：北方地区在距今4700～4300年的时候有过发达的城址文化，包括老虎山文化等。从4300年前开始，北方河套地区的岱海周围石城群、大青山南麓石城群都对黄土高原地区产生过影响。以上专家的重要推断，已经得到证实。随着近来陕西省榆林地区石峁山城建筑的发现，证明了两者之间存在有传承关系。

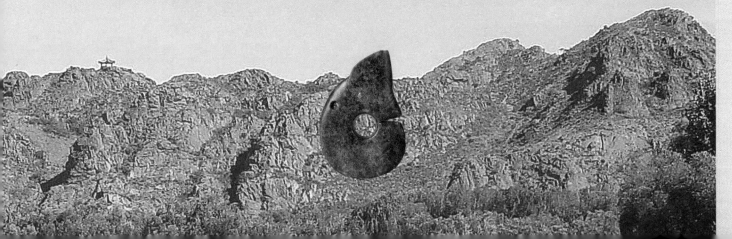

# 一、玉龙彩陶与草原文明早期建筑

兴隆洼遗址"中华草原第一村"

## 1. 兴隆洼文化建筑遗产

### 遗址概况及历史沿革

全国重点文物保护单位——兴隆洼遗址，位于内蒙古赤峰市敖汉旗兴隆洼村，由于其面积大、时代早、保存好，对研究中华古村落建筑史意义极其重大。1980 年代以来，国家、自治区文物考古工作者先后在此进行考古发掘，认为兴隆洼新石器时代早期人类聚落遗址是内蒙古以及东北地区时代最早的新石器时代人类聚落遗址，可以称为"中华草原第一村"。

### 遗产的重大价值

（1）这里发现的房屋是内蒙古东部地区，时代最早的房屋建筑遗存。它们有大有小，一排排大小不等的房址，构成了村落。其中最大的一间房屋面积达 140 平方米，应当是原始社会部落长老的居所，也是当时原始聚落人们聚会的重要场所。

（2）这些房屋建筑和村落遗址，昭示着草原上的原始部族社会、宗教和农耕生产开始诞生。

（3）在兴隆洼遗址发现了用真玉精制的玉器，标志着社会大分工的形成。而在中原，这类最早的"艺术神器"，是距今 6000 年的河南濮阳西水坡的龙虎堆塑，要比内蒙古地

兴隆洼遗址出土的玉器

区晚 1000 余年。

（4）内蒙古地区由氏族向国家过渡较早的原因，一是由于这里的沙质土壤易于开发

（中原是黄土、南方是红土均较坚韧），二是因为这里的先民发明了石锄（石犁），从而提高了生产力，增大了农业收获，促进了人口的繁衍。但正是由于以上原因，这一地区的水土流失也最早，因而导致了早期农业衰退，以及农牧业结合或畜牧业的发展。

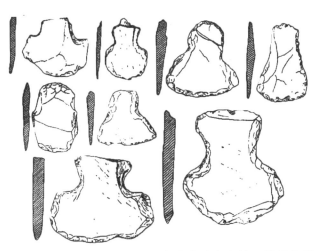

兴隆洼遗址出土的石器墨线图

兴隆洼遗址出土的大石锄

**遗产建筑特色与重大意义**

（1）"华夏第一村"——兴隆洼遗址，占地约6万平方米，是全国新石器时代唯一进行全面发掘，揭露的一处聚落。

（2）发掘出土的近千件珍贵文物，有陶、石、骨、玉器等，对研究史前文化的渊源起到了不可估量的作用。其中出土的玉玦被鉴定为世界上最早的玉器，因此这里被誉为是中国玉文化的源头。

兴隆洼遗址出土的玉玦——被鉴定为最早的玉器

（3）在遗址中央发现有两座并排的大房址，面积超过140平方米，这可能是该聚落的首领所居，或举行公众议事，原始宗教活动的场所，这样大的房址出现在8000年前，是中国建筑史上的奇迹。对研究我国新石器时代早期阶段聚落部局、房屋建筑、生活方式等提供宝贵的实物资料。

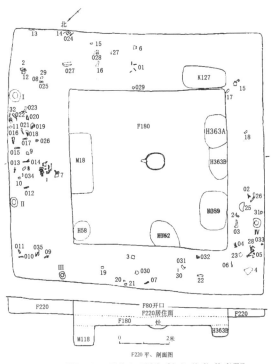

兴隆洼遗址房屋平、剖面图

（我国已故考古学界泰斗苏秉琦先生指出：在史前时代，内蒙古地区的氏族社会发展，已到了由氏族向国家进化的转折点，其文明的起步期超过了1万年。）

兴隆洼遗址房屋复原及其墨线示意图

（说明：兴隆洼文化的房址均为半地穴式，多为单室建筑，面积以20～50平方米的居多，最大可达100多平方米。房址平面为长方形，灶炕位置固定在中央。）

（4）在房址和围壕中还出土了大量的陶器，上面刻有"之"字纹，被称之为字纹陶器。并发现了粟米（小米）、胡桃、揪果核、松、栎、艾、蓼、豆料的花粉及小龙骨和卷柏的孢子。这些动植物的标本反映出当时的植被状况和兴隆洼先民们的生产方式。

米（小米）原产地"，使得敖汉小米受到了广大消费者的喜爱，被称为"考古小米"，为广大农民脱贫致富提供了优质的良种。今天，在敖汉旗大面积种植的优质品牌小米，寓意着这种小米的原胚来自考古遗址。

兴隆洼文化时期的"之"字纹陶罐

优质品牌小米

兴隆洼遗址的发现与发掘，将中国北方新石器时代的历史向前推进了 3000 年。这不仅为我国北方考古学谱系提供了新的标尺，也找到了红山文化的土著根源，是我国距今八千年以前聚落的唯一实证。经过大面积考古发掘，发现了亚洲和我国最古老的小米产地在此，被联合国粮农组织命名为"世界粟

今天，在敖汉旗大面积种植的优质品牌"8000粟"小米，寓意着这种小米的原胚来自考古遗址

兴隆洼遗址出土的粟米（小米）碳化颗粒

## 2. 红山文化建筑遗产

### 遗址概述及历史沿革

全国重点文物保护单位——红山遗址,位于内蒙古赤峰市红山区。红山文化是内蒙古草原地区的原生文化,发源于内蒙古中南部至东北西部一带,起始于五六千年前,是中华文明最古老的文化之一。分布范围在东北西部的热河地区,北起内蒙古中南部,南至河北北部,东达辽宁西部,辽河流域的西拉木伦河和老哈河、大凌河上游。

红山文化遗存最早发现于 1921 年。1935 年对赤峰东郊红山后遗址进行了发掘,1956 年提出了红山文化的命名。20 世纪 70 年代起,在辽西北昭乌达盟(今赤峰市)及朝阳地区展开了大规模的考古调查,发现了近千处遗址,并对松岭山脉及努鲁尔虎山之中的凌源、喀左东山嘴、建平牛河梁遗址群开展了大规模的发掘,使红山文化研究进入一个新的阶段。

2014 年,赤峰市对红山文化进行申遗。

红山文化聚落遗址复原图

红山文化玉猪龙

红山文化勾云形玉佩

红山文化碧玉龙

**遗产价值**

　　红山文化的发现，使西拉木伦河流域与黄河流域、长江流域并列成为中华文明的三大源头；红山文化与良渚文化是中国古代两大玉文化中心。

　　在距今5000年前，内蒙古的红山文化率先由氏族社会跨入古国阶段，以祭坛、女神庙、积石冢和玉龙等玉质礼器为标志，产生了我国最早的原始国家。考古专家们因而对中华文明起源史、中华古国史进行了新的思考；把中华文明起源史的研究提早到五千年前；

把中华古国史的研究从黄河流域扩大到燕山以北的西辽河流域。

　　中国是龙的故乡，在内蒙古翁牛特旗发现的距今5000年前的红山文化碧玉龙。在红山文化玉龙身上，刻有马鬃、猪嘴、蛇身，考古专家推断，当时人类已处于部落联盟的发达阶段，因为龙的形象是许多崇拜各种动物的小部落聚合为大酋邦以后，所共同崇拜的动物图腾。

　　中华民族对龙的崇拜由来已久，中国人自称为"龙的传人"，而龙崇拜的起源地之一也在内蒙古。红山文化玉龙是在神圣的祭祀时使用的礼器，是草原先民崇拜的图腾和神灵。因此，考古学界称内蒙古草原为"神龙的故乡"，把赤峰市红山碧玉龙列为国宝级文物，尊其为"中华第一玉龙"。

## 遗产建筑特色

红山文化坛、庙、冢，代表了已知的中国北方地区史前文化的最高水平。生活在西拉木伦河两岸的红山文化部落集团，过着比较稳定的农业经济生活，且已经发现了较多氏族居住营地的遗址。

大凌河上游牤牛河北岸的敖汉旗河福营子村，有一处红山文化的氏族部落，两条保存较好的壕沟将部落遗址分别围成紧邻的两个部分，即两个氏族。

其中东南部的壕沟周长600余米，呈不规则的长方形，在壕沟的东南边留有一处供人出入的通道口；西北部的氏族，壕沟只有三边，包围的居住营地面积较小，另一边即为东南部氏族壕沟的一段。这个红山文化部落营地的发现，提供了辽西地区新石器时代中期氏族部落的规模和防卫性壕沟的实例，可以看出这种设施与仰韶文化半坡氏族部落是基本相同的。

位于赤峰红山脚下的模拟的石砌祭坛（为筹建红山考古公园而建）

红山文化房屋复原与墨线图

在敖汉旗兴隆沟遗址，出土了红山文化时期的红陶巫神像，被确认为原始社会部落长老即巫神的形象，极为罕见。此外，还发现小型的红陶女神像，这两尊塑像的发现为后人研究红山时期的文化提供了具体的实物资料，使当时的考古工作得到进一步推动，具有极大的文化及研究价值。红山文化因赤峰市的红山而得名。

敖汉旗兴隆沟遗址出土的红陶巫神像

敖汉旗出土的红陶女神像

赤峰红山

草帽山祭祀建筑的积石冢遗址

### 3. 草帽山祭祀建筑遗址

**遗产概况及历史沿革**

　　全国重点文物保护单位——草帽山遗址，位于内蒙古赤峰市敖汉旗四家子镇东800米草帽山后的山梁上，北依大王山，南临大凌河支流老虎山河，高出河床约40米，向南正对着努鲁儿虎山最高峰断亲山。

　　遗址分为东、中、西三个地点。最东边的第一地点分布在突起的山岗上，中部的第二地点分布在第一地点之西的山梁北部，两者隔沟相望，东西相距约500米。西部第三地点位于中部第二地点西南，两者在同一个山梁上，相距约200米。1983年发现，2001年敖汉旗博物馆对第二地点进行发掘，2006年内蒙古自治区文物考古研究所对第二地点和第三地点进行了发掘，两次发掘揭露面积1500平方米，属于新石器时代红山文化（距今6700～5000年）遗存。

**遗产建筑特点**

　　在大凌河流域分布着众多红山文化祭祀遗址，辽宁省朝阳地区的牛河梁具有坛、庙、冢，东山嘴遗址有方形和圆形祭坛，大凌河支流老虎山河也发现了一批红山文化祭祀遗址，

为单坛、单冢或坛、冢结合几种类型，对研究红山文化葬制、宗教祭祀、社会结构以及中华文明起源都具有很高的学术价值。

草帽山祭祀建筑积石冢内墓葬分布

草帽山祭祀建筑积石冢内编号为M2的封石

这里位于东部的第一地点四周有石砌围墙，平面近长方形，是一处祭坛。

中部第二地点高出地表约3米，坛、冢结合，在南部两座之间为墓葬区，墓葬为石板墓，均为单人葬，多数为一次葬，少数为二次葬，头西脚东。

草帽山遗址内的一号墓葬坑

随葬品较少，出土有玉璧、玉环、石环等。墓葬之上为封石和砌筑石基，其外侧摆放成排的筒形陶器，部分器外侧绘有彩陶，在筒形器周围有很多灰烬，当与祭祀有关。在石基的外侧和祭坛旁边发现由凝灰岩雕琢的石雕人像，已发现4个个体的头部残件，大小

草帽山遗址的积石冢内出土的方形玉璧

草帽山遗址的积石冢内出土的玉镯

不一，最小者额宽在10厘米左右，大者比真人还要大，写实与夸张技法并存。

西部第三地点高出地表约2米，破坏严重，北面和西面依稀还有石墙痕迹，发现3座石板墓，无随葬品。在石棺周围有一圈彩陶筒形陶器碎片，可能与祭祀有关。

草帽山遗址的积石冢内出土的石雕人

# 二、白音长汗遗址建筑

## 遗产概况及历史沿革

全国重点文物保护单位——白音长汗遗址，位于内蒙古赤峰市林西县双井店乡白音长汗村西南约500米的白音长汗遗址，地处西拉木伦河北岸的西荒山东坡上。

1988年，内蒙古文物考古所进行了发掘。1989年，内蒙古文物考古所和林西县文物管理所进行了联合发掘。1991年，内蒙古文物考古所与吉林大学进行了联合发掘。三年一共揭露面积7264.3平方米，出土一批新石器时代陶器、石器、骨器、玉器等。

由于水土流失，遗址文化层堆积不相连属，大部分厚约0.5米，遗址下部最厚处可达2米。分为五种新石器时代文化，分别为小河西文化（距今9500～8400年）、兴隆洼文化（距今8400～7000年）、赵宝沟文化（距今7500～6500年）、红山文化（距今6700～5000年）、小河沿文化（距今5000～4000年）。

## 遗产建筑特色

（1）白音长汗遗址是内蒙古地区时代最早的新石器时代遗址，发展时代漫长：经过小河西文化、兴隆洼文化、赵宝沟文化、红山文化、小河沿文化，前后经过近五千年的人类活动。人们居住的房屋，一直沿用半地穴式房屋的建筑风格。

（2）白音长汗遗址赵宝沟文化房址分为早晚两期，早期分布在遗址北部偏向坡下部位，晚期分布在遗址南部区。早期房屋9座，分为3排。房屋为半地穴"凸"字形建筑，平面呈圆角长方形，进深大于间宽。门道较短，朝向东坡下。居住面分为尘土踩踏面、抹泥烧踏面和垫土踩踏面三种。灶位于房屋中部，分为圆形坑灶、瓢形坑灶、不规则形坑灶和地面灶四种。早期灰坑2座，平面为圆形，斜壁、平底。晚期发现2座半地穴房屋和1座近圆形直壁平底坑。

（3）白音长汗遗址红山文化房址17座、灰坑34座、墓葬6座。房址均为半地穴建筑，短门道，朝向东坡下。平面呈"凸"字形，一般面积在17～36平方米之间，个别面积超过50平方米。房屋配有储藏用的窖穴，丢弃物的垃圾坑，很有规律。

（4）白音长汗遗址小河沿文化仅发现14座灰坑。灰坑平面形状有圆形、椭圆形两种，剖面有直壁平底、斜壁平底、锅底状、一侧直壁一侧斜壁平底等几种形制。制作规整者为窖穴，制作不规整者为垃圾坑。

（5）墓地建筑分布在遗址西侧两座山顶的鞍部，分为石板墓和土坑墓两种，均为单人葬，有仰身直肢、仰身屈肢两种葬式。随葬品极少，只发现1座墓葬中葬有1件带盖陶鼎。

白音长汗遗址全景

白音长汗遗址出土的玉蚕

出土的人面石饰

出土的人面蚌饰

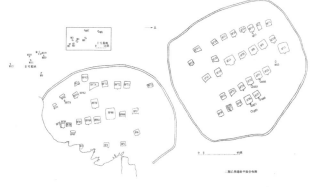

白音长汗遗迹平面分布墨线图

白音长汗遗址房址

## 墓葬特色

　　大部分墓葬为积石土坑墓，地表可见墓顶的石块，地表下为土坑。墓葬以单人葬为主，男女合葬墓数量少，绝大部分为一次葬，极少为二次葬。墓向为东北或西北向。葬式分为仰身叠肢葬、仰身屈肢葬和仰身直肢葬三种。有随葬品的墓葬占半数，随葬品数量多寡不一，以装饰品为大宗。

　　白音长汗遗址兴隆洼文化晚期聚落南北相邻两个聚落围绕着成排房屋，小型、中型、大型房屋分别代表着核心家庭，大家庭和氏族，两个围沟代表两个氏族并存。

# 三、赵宝沟遗址建筑

赵宝沟遗址全景

## 遗产概况及历史沿革

全国重点文物保护单位赵宝沟遗址位于内蒙古自治区赤峰市敖汉旗高家窝铺乡赵宝沟村西北2公里处的北大地，西南距新惠镇25公里，地处南部山地向北部丘陵的过渡带，四面环山，低山丘陵起伏低缓。聚落遗址坐落在山脚东南面平缓开阔的坡地上，向阳背风。遗址西南方向有一条泉水沟，流向教来河，常年水流不断。

1982年冬，中国社会科学院考古研究所内蒙古工作队和敖汉旗文化馆文物组在敖汉旗进行文物普查时发现。1986年，中国社会科学院考古研究所进行了发掘，共揭露面积约2000平方米，共清理房址18座、灰坑5个、石头堆遗迹1处，出土一批陶器、石器、骨器和蚌器等人工制品和大量动物骨骼。遗址属于新石器时代赵宝沟文化，在距今7500~6500年。

耕作把被破坏房屋灰土堆积翻到地表。灰土圈大体依照坡地等高线方向成排分布，可分为两区。一区集中分布在北大地东南面的缓坡地上，一区和二区之间为自然低谷。一区共有82个灰土圈，大致分为7排，每排有7~17座房址不等，沿东北—西南方向排列。二区分布在一区东面的坡地上，已经被自然冲沟破坏，仅存6座房屋和1座灰坑。房屋分为两排，沿西北—东南方向排列。二区东部坡顶为石砌平台。

赵宝沟遗址建筑房址

## 遗产建筑价值

遗址地表已经开辟为耕地，水土流失严重，揭去表土就是建在生黄土内的遗迹。地表可以看出89座灰土圈，灰土圈是表土经过长年

## 遗产建筑特色

房屋均为长方形半地穴式建筑，有的房屋有窖穴。窖穴位置在半地穴墙壁朝向坡下中部等房屋，有的凸出于墙壁，房屋平面形状

赵宝沟遗址出土的石耜与陶塑人面像

赵宝沟出土的陶尊与陶尊上的"龙鹿形图案"

赵宝沟遗址半地穴建筑复原图

于睡卧，前部为炊事等活动区。房屋面积分为大、中、小三类，大型面积近百平方米，中型面积在 30～80 平方米，小型面积在 30 平方米之下。

在一区发掘 4 座灰坑，二区发掘 1 座灰坑，平面近圆形，直径都在 1 米左右，是当时的垃圾坑。

在二区东侧坡地顶部凸起的平台上建有石块垒砌的平台，平面呈圆角方形，南北长 18.5 米，南北宽 17.5 米，残高 1.3 米。平台建在生土之上，边缘建墙，四面呈坡状，石头多是竖立垒砌，边缘的石块较大，中间石块除底部用大石块外，上部用小石块填充。石砌平台是赵宝沟文化聚落的祭祀性建筑。

赵宝沟聚落建在平缓的山坡上，在坡顶有祭祀区。小型房屋代表一个核心家庭，中型房屋代表一个大家族，大型房屋是一个氏族代表。

成为"凸"字形，窖穴之上就成了出入门道。有的窖穴位于房屋一角。墙壁抹草拌泥后再抹一层细泥，经过烧烤，坚硬。居住面呈平面或阶梯状，阶梯状后部高于前部。居住面为呈层的硬面，有红烧土面。坑灶位于房屋居住面的中部，平面为圆角方形。在灶的两侧各有一个柱洞，或在居住面上均匀分布四个柱洞。窖穴呈近圆形直桶状。前部居住面上往往有浅坑，平面为圆形。居住面后部用

赵宝沟遗址房屋墨线复原图

# 四、哈民忙哈遗址与南宝力皋吐墓地

## 1. 哈民忙哈遗址

### 遗址概况与历史沿革

内蒙古自治区重点文物保护单位——哈民忙哈遗址，位于通辽市科左中旗舍伯吐镇东南的哈民忙哈村，是一处保存完整的史前聚落遗址，属于新石器时代哈民文化，距今年代在 5500 ～ 5000 年。

2014 年，发掘清理房屋建筑遗址 13 座，出土遗物近千余件。在发掘过程中，清理出因失火坍塌的房屋建筑遗址，以及大批非正常死亡人骨的罹难场所。这些房屋建筑遗址凝固了历史瞬间所保留的原生状态，哈民遗址的发掘填补了科尔沁沙地史前考古学文化的空白。

2011 年对哈民遗址进行了大面积有计划的科学考古发掘工作。遗址发掘面积 3000 余平方米，共清理房址 29 座、灰坑 10 个、墓葬 3 座、环壕 1 条，出土陶器、石器、骨器、角器、蚌器等遗物近千件。2011 年被国家文物局评为"中国十大考古新发现"，被中国社会科学院评为"全国六大考古新发现"，2016 年获评"内蒙古自治区首批十大考古遗址公园"。

哈民忙哈遗址公园博物馆

### 遗产价值

在哈民遗址发现了残存的木质房屋顶部结构。这是我国首次发现的新石器时代房屋顶

部较完整的建筑构件，为研究当时房屋建筑的整体结构，提供了宝贵的实物参考。哈民遗址的房屋建筑遗址排列比较整齐，为平面成排或成组分布。一般呈东北—西南走向，门道朝向一致，为东南向，房址都是半地穴式，平面呈"凸"字形，有长方形门道和圆形灶坑。房屋平面多呈圆角方形或圆角长方形，穴壁较直，面积为 10 ～ 40 平方米不等。灶坑位于居室中部偏南，平面多为圆形，斜壁平底，内部包含大量的灰烬和烧焦兽骨残渣。居住面及四壁多经过烧烤，呈红褐色，居住面局部发现少量柱洞。这些房屋建筑遗址，为研究草原地区早期人类建筑文明提供了宝贵的依据。

哈民遗址先民建筑房屋复原示意图

### 遗产建筑特色

哈民遗址的房屋建筑的屋顶是由檩、椽等呈层捆绑、扣合构成，形成坡状的梁架式屋顶。这是我区最早出现的梁架式屋顶，是研究古代房屋建筑结构的实物依据。遗址内残存的木质房屋顶部结构、人骨遗骸、麻点纹陶器，以及石、骨角蚌器、玉器等，为复原史前生活和研究新石器时期的房屋结构、经济生活、制陶工艺、宗教习俗等提供了非常重要的实物资料。

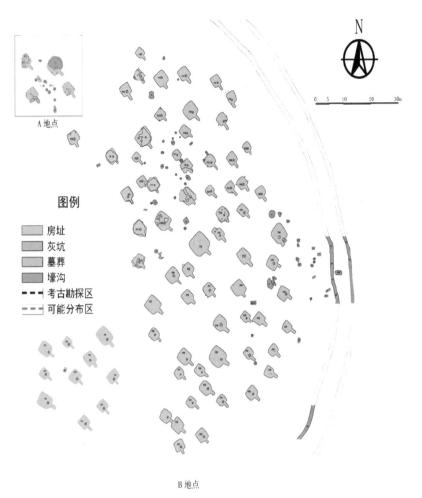

A 地点

图例

房址
灰坑
墓葬
壕沟
------ 考古勘探区
------ 可能分布区

B 地点

哈民遗址考古发现的房屋建筑与外围壕沟分布图

房址的空间布局展示了完整的史前聚落形态，是东北地区史前人类的居住环境及其居住方式的实例。其中保存较好的房屋木质结构痕迹，是中国甚至世界范围内首次在史前时期的聚落遗址中的发现，对于复原史前房屋的建筑方式提供了极为重要的形象依据，堪称史前建筑史上的空前发现。

在发掘过程中，清理出因失火坍塌的房屋建筑遗址，以及大批非正常死亡人骨的罹难场所。这种情况反映了当时草原先民部落可能遇到了人力所无法抗拒的灾害，这个历史瞬间所保留的原生状态，填补了有关人类遭遇自然灾害的史前考古学文化的空白。

哈民遗址 F32 号房址

哈民忙哈遗址出土的玉器

遗址中还出土了大批精美的玉器，且部分玉器的器形与辽西地区红山文化的同类器十分接近，对于进一步探讨新石器时代考古学诸文化之间的关系具有重大的意义。

南宝力皋吐墓地墓葬坑分布区

## 2. 南宝力皋吐墓地与房屋建筑遗址

### 遗址概况与历史沿革

全国重点文物保护单位——南宝力皋吐墓地，位于通辽市扎鲁特旗政府所在地鲁北镇东南约40公里，是一处保存完整的史前聚落遗址和古墓群，距今约5000～4500年。2006、2007年对南宝力皋吐遗址和墓地进行了先后两次挖掘。2008年又进行了第三次挖掘。总计清理古墓葬50座、灰坑35座、房址9座，出土各类陶器、石器（玉）和骨蚌器等近400件。

### 遗产建筑价值

这里较好的保存了大批的房屋平面结构，对于研究史前时期聚落房屋布局很有价值。建筑房址平面呈"凸"字形，表土层下开口，呈方或长方形，为半地穴式，进深与间宽没有规律，或进深大或间宽大，房屋面积一般为10平方米左右。居住面及部分墙面涂抹有细白黏土，圆筒形灶多位于居住面中部近门

道处，直径0.5米、深0.4米。这些房屋建筑遗址，为研究草原地区早期人类建筑文明提供了宝贵的依据。

南宝力皋吐房屋复原

房址出土遗物包括陶器、石器（玉器）和骨蚌器，其中陶器数量最多。随葬陶器有筒形罐、壶、盆等。常见陶器组合是筒形罐、壶或盆，陶质多数为夹砂陶或砂质陶，不见泥质陶，火候较高，胎质坚硬，陶色多褐色，有少量红陶，灰陶较少。房址出土陶器几乎均为素面，除加厚唇、乳钉和器耳未见其他纹（装）饰。

出土的刺猬形陶器

出土的石骨朵

出土的孕妇形陶壶

## 遗产特色

南宝力皋吐墓地是迄今为止内蒙古东部乃至 整个东北地区发现的规模最大、获取遗物最为丰富、文化面貌极其独特的一处新石器时代晚期的大型墓地。

这一多种文化因素并存的大型墓地，最为引人注目的是首次发现内蒙古东部和东北中部新石器时代晚期两支重要遗存——小河沿文化和偏堡子类型的共存实例，为研究两种文化的关系提供了至为关键的材料。此外，自身特色鲜明的陶器群有可能代表了一种新的考古学文化类型。它的发现对东北地区考古学文化谱系的研究将产生极大的推动作用，对进一步廓清东北地区史前考古学文化及其类型将会产生十分深远的影响。

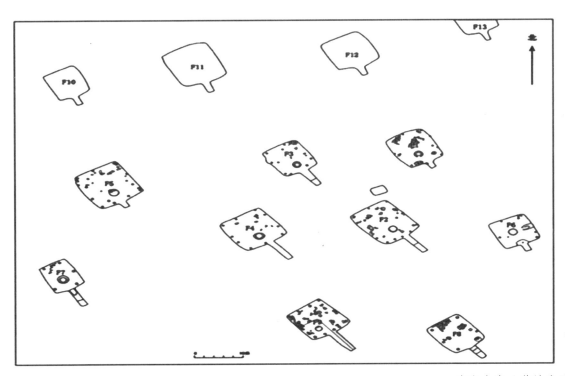

南宝力皋吐墓地房址示意图

# 五、四麻沟建筑遗址

四麻沟遗址地理环境（南向北拍摄）

## 遗产概况和历史沿革

内蒙古自治区重点文物保护单位四麻沟建筑遗址位于乌兰察布市化德县白音特拉乡解放村自然村南的 1.5 公里处，2016 年 5 月在专题调查中发现。在持续开展阴山北麓新石器时代早期考古学文化研究项目中，2017 年至 2019 年在遗址的第Ⅲ地点布探方共发掘了 2200 平方米，其中 2019 年发掘面积 500 平方米。

四麻沟遗址坐落于丘陵山间的泉水沟岸东侧的坡地之上，坡向南高北低，四周山丘环绕。遗址东侧为绵延的山丘；南部是延伸的山坳坡地；西部是两山间的坡川地带；北部是较为开阔的山间川地。遗址南北约 500 米，东西约 60 米，总面积近 30000 平方米。

## 遗产的重要价值

（1）遗址分为 6 个区，考古发掘主要在

第 3 区，位于遗址的中部，南北长 80 米，东西宽 50 米。地层堆积为坡状分布，东南高，西北低。遗址地层堆积厚约 25 ～ 160 厘米，共分为四层。

四麻沟遗址俯视图

（2）该遗址共发掘房址19座、室外灶21座。所有房址、室外灶均开口于第4层土下，打破黄色砂土（生土）。遗址中未发现有灰坑。房址有成排排列现象。多数房址墙壁为黄砂土，无二次加工痕迹，居住面亦不明显。房屋内部保存有地面灶，形状呈圆形、椭圆形和不规则形，灶面的烧灰土堆积较高，多数灶面上放置有石块。

（3）四麻沟遗址发掘出土遗物数量相对较多，主要出土在第4层土与房址内的填土中。共出土器物4500余件，其中大部分为石制品，较少量为陶器残片及骨器。此外，还出土了大量的残碎兽骨。石器，石制品原料以灰黑色硅质岩占多数，砂岩次之，还有少量的玛瑙、燧石、石英石等。出土石器多数为打制石器，极少量为磨制石器，个别石器为局部磨制。

四麻沟遗址出土的石器

（2）发现的生产工具多为打制石器和少量的磨制石器及细石器，还有较多的石制品剥片，说明石制品加工是当时的生产活动之一。在中、晚期的房址内，一定比例的大型破土石制工具及小平底陶器的出现，可能反映出在狩猎和采集为主的生业方式的基础上，原始种植的比重在加大。说明该区域亦是农业起源的一个较重要区域。

在遗址的房址外发现了较多的室外灶及用火遗迹，说明该遗址在使用中存在夏季室外用炊的现象，而裕民遗址中没有发现该迹象。综合复查遗址的自然环境特征及其他因素判断，裕民文化诸遗址为草原地区新石器时代早期的季节性营地式聚落遗址。四麻沟遗址为夏季营地，裕民遗址为冬季营地。该生活方式的发现，对中国北部及西部草原地带的新石器时代早期文化的探索研究，具有极其重要的意义。为后来有较强流动方式的游牧业产生奠定生业模式的基础。

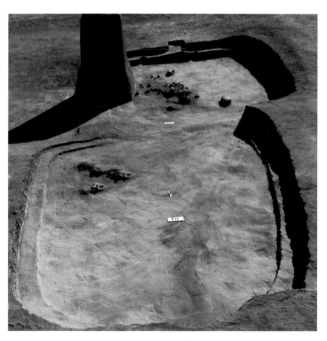

四麻沟遗址发掘出的F7房址

### 遗产的建筑特色

（1）遗址存在着早、中、晚三个时期。其形状演变过程是圆形房址—圆角长方形—方形。从出土的石器、陶器、骨器特征及组合看，该遗址继承了裕民文化的因素，碳十四测年的结果为距今8400～7200年，说明裕民文化有较长时间的延续性。

# 六、化德县裕民遗址建筑

裕民遗址远眺；红点处为考古发掘地点，下方照片为考古发掘现场

## 遗产概况和历史沿革

内蒙古自治区重点文物保护单位裕民遗址位于乌兰察布市化德县的裕民村。2016年在化德县境内开展新石器时代早期遗址专题调查工作时发现裕民遗址。2018年8月完成了该项目的考古发掘工作。

裕民遗址的考古发掘表明：这里的新石器时代文化特征还没有完全体现，可能是处在从旧石器时代晚期向新石器时代早期过渡的遗存，是一种新的考古学文化，为研究中国北方草原及草原地带的新石器时代初期文化面貌提供了极为重要的资料。专家认为这里的遗存年代，约为距今八、九千年，是内蒙古中南部最早的新石器时代文化遗址。

## 遗产的重要价值

（1）近年来，对化德裕民、四麻沟遗址，

康保兴隆遗址，尚义四台遗址，崇礼邓槽沟梁遗址的发掘取得了一系列成果。通过对裕民遗址进行的三次田野考古发掘，发现裕民聚落的古代人类已经开始居住在房屋内，最大收获是发现了十几座房址，表明这里已经形成了小型的村落，为研究中国北方草原及

裕民遗址房屋分布照片

草原地带的新石器时代初期文化面貌提供了极为重要的资料。

（2）考古发掘表明，裕民聚落的古代人类使用的生产工具还属于打制石器，当地石制品加工、打制技术，已经发展到最为成熟的阶段。考古人员在遗址内发现有较多的石器废片，说明石制品加工是当时人们较为普遍的生产活动之一。

（3）考古发掘表明，裕民聚落的古代人类使用的生活陶器的器型简单，陶质疏松、陶胎厚、火候低，制法为泥片贴筑，反映出了当时陶器制作的原始性。从遗址中出土大量的兽骨和生产工具来看，裕民遗址的人群是以狩猎和采集为主要的生产方式的。

## 建筑价值

（1）裕民遗址属于一座小型村落遗址，这是内蒙古中西部地区最早发现的村落，可以称为"内蒙古中西部第一村"。

（2）房屋虽然建筑结构简单，但是这些小茅屋庇护了这里许多代的草原先民。

在这里的房址周围并未发现灰坑，表明当时的生活资料还不丰富。在对化德县裕民遗址发掘中，最大收获是现房址9座，灰沟1条，但是未发现灰坑。该遗址共出土文物1500余件，包括石器，较少量的陶器、骨器。

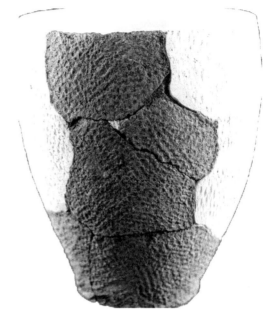

裕民遗址出土陶器

裕民遗址出土的石器、骨器

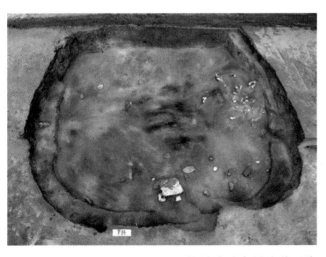

裕民遗址房屋建筑照片

（3）裕民遗址的时代在距今八、九千年。裕民遗址处于中国北方草原地带旧石器时代至新石器时代过渡期，具有极为重要的学术意义。裕民文化的发现也开启了对北方草原地带新石器时代文化的认知。

# 七、岔河口聚落遗址建筑

岔河口环壕聚落遗址航拍图

## 遗产概况及历史沿革

　　内蒙古自治区重点文物保护单位——岔河口聚落遗址，位于呼和浩特市清水河县宏河镇岔河口村北，在黄河和浑河交汇点的北岸高台地之上。遗址东、南、西三面环水，地势平坦开阔，地理位置独特，是一处新石器时代晚期仰韶文化环壕聚落遗址。遗址外侧由大型椭圆形环壕及贯穿东西的壕沟及房址、窖穴、灰坑、墓葬构成。

　　该遗址初发现于20世纪60年代，1996年以来多次进行考古发掘，总面积约2450平方米。遗址外围环壕平面呈椭圆形，直径南北256米、东西235米，沿海拔1056米等高线将遗址中心所在的台地环绕成封闭状，形成规模巨大、结构严整的环壕聚落建筑遗址。

　　目前已发现环壕的东、北、南及西各有一

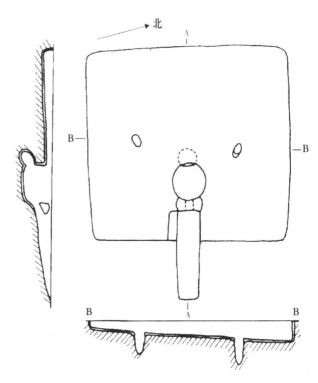

岔河口聚落遗址房址平、剖面图

门址。遗址地层堆积保存较好，文化内涵丰富，发展脉络清晰。该遗址的文化遗存几乎涵盖了内蒙古中南部地区，距今6000～4000年前，属于仰韶时期不同发展阶段到龙山文化阶段的考古学文化。

岔河口聚落遗址的先民生活场景复原

岔河口遗址房址

### 遗产的重大价值

（1）岔河口聚落遗址，是内蒙古中部地区规模巨大的古人类居住建筑遗址，独具建筑特色，为研究呼和浩特地区古人类建筑聚落提供了珍贵材料。

岔河口遗址南门西侧沟内的"鱼龙"雕塑

（2）近年考古发掘，尤其是2016年出土的巨大的、封闭的圆形环壕尤其是环壕内底部的土塑大型动物造型的发现，为国家文物局"十三五"期间重大考古项目"研究河套地区史前聚落与社会研究"课题研究提了珍贵的资料。

**遗产的建筑特色**

（1）岔河口聚落遗址位于黄河和浑河交汇点的高台上，是内蒙古呼和浩特地区规模最大的一处新石器时代人类建筑的聚落。由椭圆形壕沟包围保护，具有当时部落林立的时代特色。

（2）环壕内底部的土塑大型动物造型，据研究可能是古人对"鱼龙"的崇拜，对研究原始社会宗教建筑，提供了实物资料。

（3）房屋建筑环壕内东部房址分布密集，发掘不同形制的房址在建筑方式上有明显的差异。根据已揭露房址居住面的构筑方式来看，有烧烤居住面和垫细白土居住面两种，从灶坑构筑形式区分，又可将其分为椭圆形浅土坑灶、圆形桶状坑灶和石板砌筑灶。其中垫细白土居住面房址多发现圆形桶状坑灶和石板砌筑灶，而圆形桶状灶坑的居住面较厚，铺垫层次清晰均匀，石板砌筑灶房址的居住面薄而十分平整。此发掘对研究古代灶炕建筑和生活取暖情况提供了珍贵的实物资料。

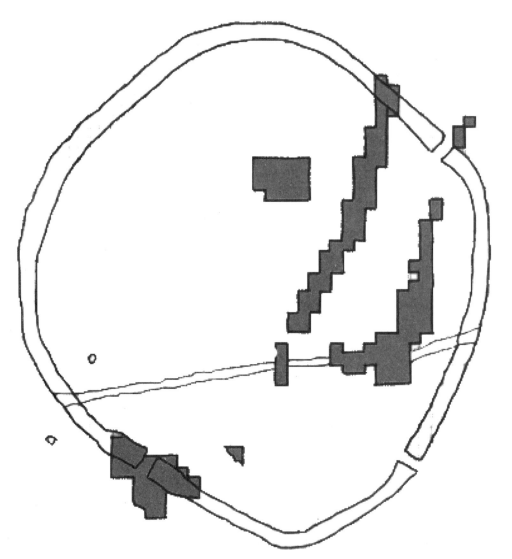

岔河口环壕聚落遗址发掘区域示意图

内蒙古历史建筑丛书

草原文明建筑

# 八、阿善遗址建筑

## 遗产概况及历史沿革

全国重点文物保护单位——阿善遗址，位于内蒙古包头市九原区古城湾乡阿善沟门村东1公里，遗址台地北依大青山，南临黄河，与黄河水面高差近百米。

1980、1981年，内蒙古社会科学院蒙古史研究所和包头市文物管理所共同进行了发掘，发掘面积1170平方米，文化层厚约1米，发掘出房址24座、窖穴220个、墓葬3座，出土陶器、石器、骨器等约1600余件。绝大部分遗存为新石器时代，极少部分遗存为青铜时代及其以后的遗存。

## 遗产建筑价值

（1）阿善遗址海生不浪文化房址为半地穴式建筑，平面为"凸"字形建筑。门道长条形，为斜坡状或台阶式。在室内中部设一个圆形坑灶，有的房屋在圆形坑灶后再加一个方形地面灶。房内四角和灶两侧有较粗柱洞，是支撑屋顶的主要柱子，另外还有分布在墙壁四周较细柱洞，对支撑屋顶起到辅助作用。窖穴多为圆角长方形竖穴式，周壁平整。

阿善遗址三期晚段石房子

（2）阿善文化聚落西台地上西、南、东三面筑有石砌围墙。房屋有半地穴式和地面建筑两种。半地穴式房屋平面为"凸"字形，门道呈斜坡状，居住面抹草拌泥，经过烧烤，方形地面灶。地面式房屋平面分为方形、长方形、椭圆形等，石砌墙，门道朝向坡下，房屋外有院落。窖穴多为方形袋状，呈覆斗状，有的壁上抹一层泥，个别设有脚窝，也有少量圆形、方形直壁坑、圆形袋状和圆形锅底状坑。

（3）墓葬为长方形土坑竖穴墓，无葬具，单人葬，头向西南，面向南，侧身屈肢，双手交叉于腹部，颈部有一个穿孔云母片。在

西台地南端有一座高岗，南北长80米，东西宽30米。在高岗上建有石围墙，南部外凸呈近圆形，在南端外侧建两道平行石墙用作护坡，两墙呈阶梯状排列东西两侧内收呈亚腰形，北侧不封闭，呈外敞开放式。在亚腰形石围墙内分布着18座石堆，中心部位是一座大石堆，大石堆北部分布着17座小石堆，其

阿善遗址半地穴房址及其墨线复原图

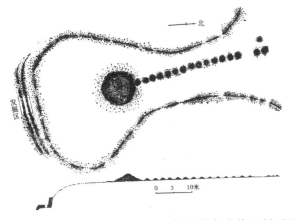

祭祀遗迹建筑平剖面图

中16座南北方向一字排开，1座分布在北端西侧，这组建筑具有宗教性质，石堆是当时的祭坛。

## 建筑遗产的重大意义

（1）阿善遗址延续时间长，这里的新石器时代遗存从半坡文化鲁家坡类型，经过海生不浪文化和阿善文化，房屋从半地穴式发展到地面式，为研究和复原内蒙古中南部地区新石器时代的房屋建筑提供了可靠的实物依据，具有极为重要的意义。

（2）阿善文化时期建起的石围墙和祭坛建筑，是当时祭祀活动的中心，对研究中华文明的起源、大型祭坛的建筑、石城的构造等，提供了重要的实物，因而具有极为重要的意义。

阿善遗址石围墙

# 九、老虎山遗址建筑

## 遗产概况及历史沿革

全国重点文物保护单位——老虎山遗址，位于内蒙古乌兰察布市凉城县永兴乡毛庆沟村西北约1公里，南距永兴村4.5公里，东距岱海25公里。地处蛮汗山余脉老虎山南坡，南临与岱海相连的低洼地，山坡两侧沟内泉水丰富，至今长流不断，向南注入浑河，汇入黄河。

遗址主要分布在西北-东南走向的两个山脊之间，并沿山脊修筑有石围墙，两侧略延伸到山脊之外，主体呈三角形簸箕状，中部大冲沟将遗址分为东西两部分。总面积13万平方米。遗址所在山坡黄土堆积厚薄不均，最厚处超过50米，薄处已经基石裸露，一般山顶黄土堆积薄，向下逐渐变厚。

1982～1986年，内蒙古文物考古研究所（1986年以前为内蒙古文物工作队）进行了大规模发掘，正式发掘面积2120.25平方米，加上清理部分，总发掘清理面积超过4000平方米，围墙1座、房屋78座、灰沟2条、灰坑35座、陶窑8座、墓葬8座，出土陶器481件，石器214件，骨、牙、角器16件。经考古研究，该遗址属于新石器时代的龙山文化时期，其年代距今4500～4000年，因地方特色浓郁被考古界命名为老虎山文化。

## 遗产建筑的重要价值

（1）这里发现的环绕遗址周围的石围墙，周长约1300米。多数为下部土筑上部石筑，少部分为石筑墙。这是内蒙古地区发现了时代最早的石城建筑之一。对于研究中华文明石城建筑起源具有重要价值。近期以来，随着陕西省榆林石峁山城的发现与研究，有学者认为两者之间有传承关系。

老虎山早期山城遗址平面复原图

内蒙古历史建筑丛书

草原文明建筑

（2）遗产是一座山城，在黄土高原地区具有重大存在价值。海拔在 1490～1570 米。主要居住区内，可见 8 个人工修整的平台，有些较陡台地的坡外还有石块垒筑的护坡。每个台地横跨两座山脊间主要遗址区，并一直延续到西南山脊之外，宽约 20 米，海拔相差 10 米左右。房屋等主要建筑分布在台地上。

老虎山遗址（南向北）全景

**遗产房屋的建筑特色**

（1）这里的房屋建筑很有特色。房屋挖在黄土中，大部分是半地穴式建筑，少部分为窑洞式建筑。大多数房屋平面呈"凸"字形，少部分平面呈方形或长方形，个别为圆角梯形。少部分房屋内有柱子支撑屋顶，多数房屋内无柱子支撑屋顶。

（2）房屋顶部有生土顶和人工搭建顶之分。地面是先烧烤生土面，再抹草拌泥，再抹白灰，墙壁下部也涂抹白灰。圆形地面火塘位于房屋中前部，部分火塘周围涂一周黑彩，部分其上置石块，少量房屋内设置壁灶。面积在 4～20 平方米，每个房屋平均居住人口 3～5 人。遗址反映了新石器时代内蒙古地区的建筑情况和平均的居住面积，对于研究与复原草原先民们的居住生活情况提供了珍贵的实物资料。

（3）老虎山遗址布局完整，聚落周围建有用于防御的围墙，山顶建有祭祀用的石堆和房屋，生活区位于台地之上，烧窑区分布在西坡近水源处，聚落功能区充分利用了地势优势。

（4）房屋有单屋院落、双屋院落、多屋院落之别，每个双屋和多屋院落的房屋有主次之别，院落成排布局。以中央大冲沟为界，整个聚落分为南北两个大区。每个房屋代表的是一个核心家庭，每个院落代表的是一个大家庭，每一排房屋代表是一个家族，每个区房屋代表是一个大家族。这些对于研究与复原草原先民们的居住生活情况提供了珍贵的实物资料。

关于内蒙古草原文明与黄土高原文明的互相影响，内蒙古考古学家田广金、郭素新以"大青山下斝与瓮"为题，指出：北方地区在距今 4300～4700 年的时候有过发达的城址文化，包括老虎山文化等。从 4300 年前开始，北方河套地区的岱海周围石城群、大青山南麓石城群都对黄土高原地区产生过影响。以上专家的重要推断已经得到证实。随着近来陕西省榆林地区石峁山城建筑的发现，证明了两者之间应当存在有传承关系。

老虎山遗址石围墙

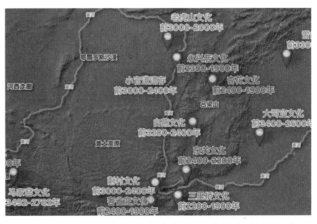

内蒙古中南部地区的原始文化分布图

# 十、园子沟遗址建筑

## 遗产概述及历史沿革

全国重点文物保护单位——园子沟遗址，位于内蒙古乌兰察布市凉城县三苏木乡园子沟村北，遗址分布在由两条构造断陷浅沟谷隔开的三个山坡上，总计约 30 万平方米。经考古研究，该遗址属于新石器时代的龙山文化时期，其年代距今 4500～4000 年，因地方特色浓郁被考古界命名为园子沟文化遗址。遗址南坡下为园子沟河河床，东南距岱海 5.5 公里，山坡北侧为高俊的蛮汗山余脉。

## 遗产建筑特色

（1）园子沟遗址的房屋为里外间窑洞，这是国内发现的最早的建筑形式，开创了后代建筑分为里外间的模式，具有重要的建筑考古价值。

（2）这里的房屋结构有两种，一种由主室和外间组成，与前部院落相连，有的几座房屋共用一个院落；一种没有外间，主室直接与院落相连。

园子沟里外间房屋建筑遗址内景

（3）主室建筑完全挖在生黄土内，是窑洞式房屋，平面呈"凸"字形或方形，地面为生土上敷草拌泥再白灰。墙壁逐渐内弧收顶或分段直壁内收弧顶。墙壁上敷草拌泥，抹白灰墙裙。居住面中部有地面火塘，平面呈圆形，多数火塘周围为一周黑彩圈，少数火塘周围无彩，其灰褐色烧土硬面稍高于居住面。部分主室内还有壁灶。主室面积4～16平方米，为居室，大约可住3～5人。外间呈长方形，前部和左右墙为夯土墙，为后高前低一面坡式建筑。有的在室内有1～4个柱子以加固承托屋顶。外室有灶，分为地面灶和壁灶两种。有的外间有窖穴等储藏设施。外间主要用作厨房，也是储放物品、日常活动的重要场所。

园子沟窑洞式房屋考古发掘现场

**遗产的历史价值和意义**

（1）园子沟遗址发现的大规模的窑洞式建筑，是内蒙古地区最早的窑洞，具有重大意义。

（2）园子沟遗址建筑反映了新石器时代中晚期内蒙古地区的建筑情况和平均的居住

面积，对于研究与复原草原先民们的居住生活情况提供了珍贵的实物资料。

园子沟窑洞式房屋复原示意

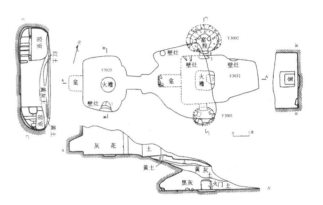

园子沟 F3025、3032、3001、3002 平、剖面图

（3）园子沟遗址的建筑分成单房院落、双房院落和多房院落，其中以双房院落数量多而最具典型性。院落相对集中成群，通过道路或活动面相连。院群成排分布，期间以路相通。居民分三区居住，各区位于一个山坡，中间有沟谷相隔。每一个院落代表一个家庭，相对集中的院落代表一个血缘大家庭，每一排院落代表的是一个家族，每个区代表一个大家族。遗址反映了新石器时代草原先民的社会生活和社会结构。出土物均为实用器，房屋和遗物没有大的差别，表明当时的社会还没有出现贫富分化，处于人人平等的社会阶段。

# 十一、庙子沟遗址建筑

察右前旗庙子沟村

## 遗产概况及历史沿革

全国重点文物保护单位——庙子沟遗址，位于内蒙古乌兰察布市察哈尔右翼前旗新风乡庙子沟村，西北距土贵乌拉镇 12.5 公里。地处黄旗海南岸丰镇丘陵地带的台地上，北距黄旗海 7.5 公里。遗址分布在南北向庙子沟的西坡上，庙子沟内常年有泉水向北流入黄旗海。庙子沟遗址属于新石器时代海生不浪文化，距今 5500～5000 年。

## 遗产建筑特色

（1）这里的房屋依坡势成排分布，面向沟畔。房址平面为"凸"字形半地穴式建筑，长条形短门道位于房屋前壁中部。间宽一般大于进深，面积多数不足 15 平方米，最大面积达 23 平方米，最小面积不足 6 平方米。反映了当时社会的生产力水平。

庙子沟房址

（2）建筑的灶位于室内正中稍靠门道处，多数为圆形和圆角方形坑灶，坑灶周壁和底部抹草拌泥，烧结面呈灰蓝色，坚硬。少数房址除了主灶外，还设有附灶。这些反映了当时自然气候较寒冷和燃料较丰富的情况。

（3）建筑的居住面上散布柱洞，数量 5～9 个不等，多分布于房屋的四角附近及门道两侧的两端。多数房址在灶与北侧壁之间设有地臼，平面呈圆形，其底部和周边垫有碎陶片或小石块,十分坚硬。在室内的拐角处建有窖穴,多数房址内有一座窖穴,少数房址内则多达数个窖穴。

庙子沟房址内发掘的窖穴

(4)绝大多数灰坑分布在室内和房屋周围。位于房址四角的窖穴多数平面呈圆形,直壁或袋形平底,少数平面呈方形或长方形直壁平底。形体较小,形制规整。房屋周围的窖穴多数平面呈方形或长方形斜壁平底,口部略大于底部,形体较大,较为规整。

(5)没有发现公共墓地,除正常埋葬以外,其他人骨均是利用室内外窖穴和房址居住面进行埋葬或是随意弃置,属于非正常埋葬。反映了当时社会出现了人类无力抵抗的自然灾害情况。

庙子沟内发掘的墓葬坑

(6)在一些房址的室内外窖穴中和灶坑内以及灶坑周围的居住面上常见葬有尸骨和成套的生产和生活器皿及各类装饰品,推测庙子沟遗址是由于瘟疫而废弃。

庙子沟出土的小口双耳壶

当瘟疫来袭时,先是利用房址周围的大型窖穴草草埋葬了第一批死者。瘟疫继续肆虐时有次序的埋葬已经无法进行,许多死者被随意弃置在窖穴当中。而当瘟疫更为猖獗时,埋葬已成为不可能,人们自顾不暇,许多人在房屋居住面和灶中就地倒毙,而生者只能带上部分器具,匆匆逃离家园,庙子沟聚落就此被废弃。

# 十二、王墓山坡下遗址建筑

王墓山坡下遗址房址

## 遗产概述及历史沿革

全国重点文物保护单位——王墓山坡下遗址，位于内蒙古乌兰察布市凉城县六苏木乡泉卜子村南约 2 公里的王墓山西北坡偏下部位。遗址北距岱海 2.5 公里，西北距凉城县城约 17 公里，南距明代长城约 300 米。

王墓山西坡地势东高西低，分布三处遗址，分别是坡上、坡中和坡下遗址。在山坡偏南部位分布一条自然冲沟，宽 30 ~ 40 米，深约 20 米，由东向西，与山坡下南北向的步量河相通，向北流入岱海。坡下遗址坡势较缓，海拔 1275 ~ 1285 米。

经考古研究，该遗址属于新石器时代的仰韶文化中期，其年代距今 5500 年。

## 遗产建筑特色

（1）房屋均直接挖在生土内，为半地穴式单间建筑，保存完好的房屋半地穴四周有

台面。除了 IF18 平面为不规则形外，其余平面均为圆角方形或"凸"字形。门道位于房屋前壁正中，平面呈长条形，门道前端底部有台阶，后端底部较平，朝向西或西南方坡下。

王墓山坡下遗址发掘出的房址

（2）居住面是生土上垫一层黄花土后抹一层草拌泥，经火烧烤后呈灰褐色硬面。半地穴中有 2 ~ 4 个柱洞，四周台面上有柱洞，有主辅柱之分，为四角攒尖顶房屋。灶为圆形、

椭圆形或圆角方形坑灶，绝大部分灶壁抹草拌泥并砌出灶坎，少部分灶壁用石块垒砌，灶后部有向里斜伸的储火坑，其内放火种炉。绝大多数坑灶与门道相接处留有通风孔，其上盖有石板，起到了通风的作用。

（3）在房屋建筑内，首次发现原始先民为了保存火种而使用的"火种炉"，在炉下部留有多个通气口，用来为炉中的燃料吹风、通气，这是原始先民抵御严寒，保留火种、随时可以炊煮的重要而珍贵的生活必备用品，反映了当时自然气候较寒冷和火种较为稀缺以及燃料较少的情况。

王墓山坡下遗址出土的火种炉

（4）这里的房屋建筑技术具有较高水准，房屋内均见日常器物，不存在明显的贫富差别。房屋大小的差别很可能是房屋用途的不同。最大房子位于广场上，很可能具有集会、议事和举行宗教活动的功能。其余房屋均用于居住。

有的室内角落有窖穴，绝大部分为圆形或椭圆形袋状平底。房屋有大型1座（IF7），

中型18座，地小型2座，还有3座房屋残破，面积不清。这里的灰坑为圆形或椭圆形，少数为圆角长方形，多直壁平底，大部分为室外窖穴。

## 遗产规划布局的特色

考古人员在王墓山坡下遗址的两个区共发掘24座房屋，I区共发现房屋21座，加上冲沟等破坏的房屋，估计房屋总数不下30座。高处中央位置是面积最大的F7，与周围房屋有25～40米空白带。周围房屋分布较为密集，低处房屋以道路为界，道路以上的房屋遗址大体为一排，其门道通向前面的道路。这种情况反映了当时的草原先民已经具备了建筑规划、设计布局的原始理念。遗址为研究内蒙古地区新石器时代村落布局规划建设提供了珍贵的实物资料。

在I区，考古人员还发现一条道路建筑遗址，为西北一东南向，用灰褐色花土铺垫，呈层状。整个路面西北高东南低，两侧的垫土硬面与两侧房屋活动面相连，是联系整个房屋的主要通道。这条道路反映了草原先民在建设村落时，已经对房屋、道路、交通、生活等有了较全面的规划布局，对于研究新石器时代的道路建设提供了珍贵的实物资料，具有重大的意义。

此外，王墓山坡下遗址出土的红色、黑色彩陶十分精美，属于仰韶文化时期。这也体现了原始先民们具有很高的审美意识和创造力。

王墓山坡下遗址出土的陶钵

# 十三、寨子圪旦遗址建筑——黄河岸边的石城类古聚落建筑

寨子圪旦遗址全景

## 遗产概述与历史沿革

全国重点文物保护单位——寨子圪旦遗址，位于内蒙古鄂尔多斯市准格尔旗窑沟乡，所在山丘是濒临黄河西岸的一处制高点，海拔高度 1087 米。遗址东侧为黄河西岸的悬崖绝壁，南北分别为两条注入黄河的深大冲沟的陡坡，只有西侧坡势略缓，与黄河西岸的丘陵相连。

1998 年，鄂尔多斯博物馆为配合万家寨水利枢纽建设，开探沟 6 条。探沟宽 1 米，长在 5～16 米不等，共发掘面积 68.4 平方米。经考古研究，该遗址属于新石器时代的龙山文化时期，其年代距今 5000～4500 年。此外，还发现一些房址及 100 余件石、骨、陶器。该发现令一座在地下沉寂了五千余年的古遗址，揭去了笼罩在头上的神秘面纱，展现在人们的面前。

## 遗产的重大意义和影响

（1）寨子圪旦遗址的主要遗迹是环绕山丘顶部修筑的石筑围墙及围墙内的高台建筑。石筑围墙依山顶部的自然地形而建，平面形制不大规整，略呈椭圆形。在围墙内的中心地带，有一底边长约 30 米的覆斗形高台基址，

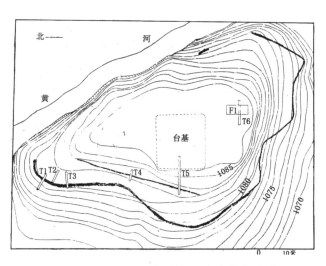

寨子圪旦遗址等高线总平面图

经有关专家初步考证认为，其性质应该属于主要履行宗教事务的原始祭坛遗迹。其性质、形制，与《山海经》中记述的"众帝之台"相似，具有人与神沟通、人与天衔接的寓意。

（2）遗址一面临河，两面临沟，除西部外的其他三面非绝壁即极陡坡，易守难攻。遗址地势高峻，视野开阔，中部的石围墙、台基和房屋台基位于遗址最高处，凸显了它们的重要性。

（3）在石围墙环绕的中心地带，有三座主体建筑呈"品"字形分布。有关专家初步考证认为，这是原始部落的祭坛。

（4）研究表明，在黄土高原南流黄河西岸一线，已发现多处与这个遗址年代相当、相距不远的人类聚落遗址，它们应当建于距今5000年前的龙山文化中期，是黄河中游地区龙山晚期至夏代早期之间距今4000年前的古代人类聚落遗址，最有代表性的是与此相距百公里的陕西神木石峁古城遗址。

寨子圪旦出土的喇叭口陶瓶

寨子圪旦出土的陶器

寨子圪旦遗址的石围墙局部

陕西神木石峁山城遗址

研究表明，石峁古城是一个规模、等级很高的城池，至少是一个庞大部族活动的中心。该城与其附近的草原地区的山城和人类聚落具有延续关系和密切的联系。

### 遗产建筑的重大价值

（1）寨子圪旦遗址是内蒙古中南部迄今为止发现的为数极少的集防御、祭祀、宗教为一体的新石器时代晚期聚落建筑。而且这处宗教建筑很可能是某一个部落大联盟的公共祭祀建筑，对于研究部落大联盟的宗教祭祀建筑情况，提供了珍贵的实物参考资料，因而具有重要价值。

（2）该石城类聚落遗址很可能属于当时北方部落联盟中的一个，这个规模、等级很高的城池，可能享有凌驾于其他部落之上的特权。地处黄河之畔、农牧交错带的石城和祭台遗址，处在"中国文明的前夜"，为中国文明起源形成的多元性和发展过程提供了宝贵的资料，对于进一步了解早期的中国历史文明发展具有重要意义。

寨子圪旦遗址西部

# 十四、二道井子聚落建筑遗址

二道井子遗址考古发掘现场航拍

## 遗产概况及历史沿革

全国重点文物保护单位——二道井子遗址，位于内蒙古赤峰市红山区二道井子行政村打梁沟门自然村北侧的山坡中部，西北距赤峰市约15公里。遗址属于青铜时代夏家店下层文化，年代距今4000～3500年，是内蒙古东部地区相当于夏代至商代前期规模大、保存好、研究价值高的建筑遗址群。

自2009年，始因配合"赤峰—朝阳高速公路"建设，内蒙古考古部门对遗址进行了抢救发掘。发掘工作共揭露面积3500平方米，清理房屋、窖穴、灰坑、墓葬、城墙等遗迹单位近300处，出土各类文物近千件。

## 遗产建筑特色

（1）遗产房屋建筑保存较完整，虽经四千年的自然侵蚀但许多房屋墙体依然较为

完整，院落布局清晰可辨，再现了当时人类的建筑技术、聚落形态、埋葬习俗、社会结构等方面情况。

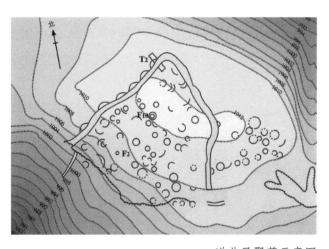

二道井子聚落示意图

（2）遗产的院落由院墙、院门、踩踏面、房屋、窖穴等组成。院墙为主要是灰黄色杂

土夯筑而成，有的墙体上部用土坯修砌，这是内蒙古最早使用土坯这种建筑材料建房的实物例证，对研究内蒙古建筑材料发展史具有重大的价值。

（3）房屋使用时间约数百年之久，先民们多在同一位置反复建造，房屋在废弃后均有意填充或专门垒砌了土坯，门道用土坯封堵且房屋外围修筑了多重墙体，为再次重建房屋奠定了坚实的基础。上下叠压，最多者叠压七层房屋。房址之间多以活动面相连，普遍二至三间相连，多者七八间房址连在一起。

（4）地面式房屋平面形状多见圆形，少见圆角方形，外部多附有回廊或侧室。墙体以土坯垒砌为主，部分为夯土墙，墙壁内上设有瞭望孔，反映了当时人们的安全防范意识有所增强。

（5）遗址总体呈东高西低之势，南北两侧濒临自然冲沟，东、南、北三侧聚落环壕依稀可见，在环壕内侧已发现城墙建筑，尤以东北部城墙保存最为完整。城墙为层层黄土堆筑而成，城墙外侧抹有多层草拌泥。城

墙内侧房址与城墙修缮过程基本同步，随着城墙的不断加高、修缮，城内居址层层叠压，形成高于周围地表的"台城"。

遗址内所发掘的房址均属地面式建筑，除少量房址存在祭祀功能外，其余大部分房址均属实用功能的居住房屋；单个房址平面形状以圆形为主，少量为圆角方形，外部多附有回廊或侧室；房址墙体大多为土坯层层错砌而成，少量为夯筑或石块垒砌，部分墙体之上设有瞭望孔，内侧观察为方形，外侧观察呈一直径仅约10厘米的圆孔，设计和建筑均很有特色。

房屋墙壁内所设的瞭望孔

历经四千年的侵蚀，这里的房屋、墙体、门窗等依然保存较好，充分体现了二道井子草原先民高超的建筑技术水平。图为第75号大型房屋全景

**遗产建筑价值**

（1）由于二道井子遗址的各类遗迹均保存的极为完好，建筑学家可以根据考古学家提供的资料，准确复原城墙、环壕、院落、房屋、窖穴等建筑，这为研究和复原青铜时代遗址的建筑提供了优越的条件。

（2）在遗址中，首次发现有的墙体上部用土坯或石块修砌，这是内蒙古最早使用土坯这种建筑材料建房的实物例证，对研究内蒙古建筑材料发展史具有重大的价值。

（3）遗址中有设计复杂的大型的回廊或

二道井子街巷建筑遗址

侧室建筑，回廊内侧砌有横向短墙，将回廊分隔成数量不等的小隔间，之间有门道或门洞相连。此类大型的回廊或侧室建筑，为研究青铜时代的草原先民所具有的创造力和高超的规划、设计、建筑技术，提供了珍贵的实物资料。

（4）我国已故考古学界泰斗苏秉琦老先生指出：夏家店下层文化的先民是北方地区早期青铜文明的杰出缔造者，它继承红山文化，又被燕、秦所继承。夏家店下层文化以内蒙古赤峰为中心，势力已达辽宁、河北和京津地区，是雄踞北方的"方国"。在敖汉旗大甸子墓地，出土有青铜权杖首，成组的玉器、礼器，反映了社会等级、礼制的全面形成。赤峰市二道井子遗址建筑，反映了这个历史时期的社会面貌和历史变化情况。

（5）距今约4000年前的先民，已经有了进行建筑聚落规划设计的理念。研究表明二道井子先民在居住方面，特别注重聚落的安全防御，居住地都是坐落于临水高地或山冈上的城堡，周围挖有壕沟或建筑围墙等防御设施。这些城堡之间，近的相隔数里，远者十数里，基本能东西连成一线。一个大的石城，往往相随着两三个小的石城。这说明夏家店下层文化已进入"邦国时代"。二道井子遗址，就是这个历史时期建筑形态的典型代表。由于这处遗址保存有大批距今4000年前的建筑、院落、街道，具有重大研究和展览价值，因此国家投入巨资建成了二道井子遗址博物馆，供人们参观学习。

国家投资建设的二道井子遗址建筑博物馆外景

二道井子博物馆内展示的房屋建筑遗址

# 十五、三座店山城聚落建筑

## 遗产概况及历史沿革

全国重点文物保护单位——三座店山城遗址，位于内蒙古赤峰市松山区初头朗镇三座店村西北，地处阴河北岸的洞子山上，分布在山顶及南坡，最高海拔730米。遗址西侧是临河断崖，北侧与阴河东岸连绵的山岗相连接，东侧为大莫胡沟，隔沟是大片的山峦，南侧为沟谷冲积形成的平川。

2005～2006年，内蒙古文物考古研究所对遗址进行两次大规模发掘，发掘面积达9000多平方米，包括山城的绝大部分和小城的全部。清理夏家店下层文化2座城、65座房址、窖穴和灰坑49座，夏家店上层文化石砌方形祭台16座，不同时代墓葬10座，出土一批陶器、石器、玉器、骨器等遗物。

## 遗产建筑特色

（1）考古表明：聚落建筑由大小两座并列的石城组成，大城在西，小城在东。大城平面略呈圆角长方形，其西面是陡崖，东、北两面有石砌的城墙和马面，南面是陡长的坡，南北长约140米。

三座店遗址远景

（2）在大城北和东城墙清理发现最早的防御工事——"马面"，均建在城墙外侧。马面间距大约在 2 ～ 4 米之间，平面大体呈马蹄形，体量较大，马面多数用三圈石头砌筑，少数为双圈砌石。大型马面的中心用黄土夯实，个别马面不分层次，一次性砌筑成石垛状。马面石墙与城墙石墙交错砌筑，坚实紧凑，由下向上逐渐收分，倾斜角为 70 ～ 80 度左右。易守难攻，是早期"长城"的雏形。

（3）每座院落的基本组合是由一个圆形双圈房址和一个单圈房址及窖穴构成，个别为两座房址组合或为一座房址加若干灰坑组合，也有少量单体建筑，周围不加院落。在大城内发现有 2 条南北向主干道、2 条东西向主干道。西侧南北向干道通向一处院落，院落南侧建有石砌关门，关门装有双扇开启的大门。这一建筑设计极为精巧，是最早的门禁设计实物。

三座店遗址城墙上的马面—东向西

三座店石城建筑院落和街道

三座店山城遗址航拍图

**遗产的重大意义**

（1）三座店山城遗址是内蒙古东部地区发现的规模最大、建筑宏伟、时代最早的石城建筑，为研究和复原青铜时代山城遗址的建筑提供了优越的条件。

（2）在遗址中，首次清理发现最早的防御工事"马面"，其设计建筑结构复杂，为研究我国早期"长城"的起源提供了珍贵的实物资料。

（3）夏家店下层文化的先民是北方地区早期青铜文明的缔造者，它先继承红山文化，后又被燕、秦所继承。夏家店下层文化以内蒙古赤峰为中心，在辽宁、赤峰发现连成一串的石城堡，在赤峰英金河两岸以及辽宁西部，发现比现代居民点还要密集的石城堡群落，这反映了当时居民人口的繁盛。山城遗址建筑反映了这个历史时期的社会面貌和历史变化情况。

（4）距今约4000年前的先民，已经有了进行建筑聚落规划设计的理念。研究表明当时的先民在居住方面，特别注重聚落的安全防御，这说明当时出现了各部落剧烈相争的社会情况。

夏家店下层文化山城示意图

# 十六、龙头山遗址建筑

## 遗产概况及历史沿革

内蒙古自治区重点文物保护单位——龙头山遗址，位于赤峰市克什克腾旗土城子镇南6公里。地处龙头山北坡，海拔高860～910米。

遗址平面略呈长方形，东西长约600米，南北宽约400米，总面积约25万平方米。遗址由居住区、墓葬区、祭祀区和石器制造场组成，属于夏家店上层文化时期。

1987～1989年、1991年，内蒙古文物考古研究所联合克什克腾旗博物馆、吉林大学对遗址进行四次发掘，发掘面积约1200平方米。发现建筑有石围墙、壕沟、房屋，以及灰坑、祭祀坑、墓葬等，出土一批陶器、石器、骨器、青铜器等遗物。

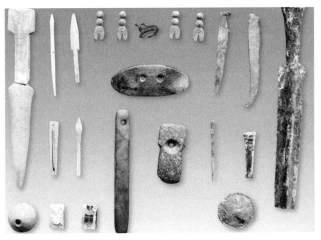

龙头山建筑出土的遗物

## 遗产建筑特色

（1）遗址的房屋为半地穴式建筑，分为袋状和"凸"字形两种。袋状房址平面为圆形，斜直壁内收。"凸"字形房址前部有短门道，直壁。居住面上有地面灶和柱洞。

（2）巨大的石围墙建筑位于遗址西北的台地上，是专门祭祀的区域。西墙保存较好，东墙保存较差，南北两墙已经塌落，建筑的平面大致呈半圆形，东西长40米，南北残宽40米。石墙基宽1.65米，高1.2米。沿着石

墙外侧3米远处挖壕沟环绕石墙，宽约5米，深4米。石墙内文化层堆积厚1～2米，建有方形石头圈、祭祀坑、灰坑和房址等。

（3）祭祀坑多是用人来进行祭祀，每个坑内发现的人骨为1～6具不等，死者姿态各异，坑内也有残破陶器。有的坑内也有只放置陶器进行祭祀的，但不见人祭。

（4）墓葬主要分布在遗址中部，均为土坑竖穴墓。多见圆形袋状墓坑底放置木棺或石棺，个别棺外还套有石椁，在圆形袋状墓坑底向下挖长方形竖穴土坑葬。

龙头山建筑出土的青铜鹿形铜牌

在龙头山中部山脊，地表散布大量石料、石器半成品等，是一处集中制作石器的场所。

龙头山遗址面积大，是一处夏家店上层文化居民生活、生产、埋葬及祭祀的大型聚落。夏家店上层文化延续时间从西周至春秋中期，考证为山戎民族遗存。

龙头山建筑出土的陶鼎及陶罐

# 十七、南山根遗址建筑

南山根遗址建筑远景

## 遗产概况及历史沿革

全国重点文物保护单位——南山根遗址，位于内蒙古赤峰市宁城县存金沟乡南山根村南约100米，面积约25万平方米，主要属于夏家店上层文化时期。

1958年，内蒙古文物工作队调查一批青铜器出土情况时发现了遗址。1961年，中国科学院考古研究所内蒙古工作队对遗址进行了发掘，发掘面积236平方米，文化层堆积厚0.3～2.5米。发掘夏家店下层文化（夏至商早期）灰坑1座，夏家店上层文化（西周至春秋中期）灰坑14座、长方形土坑竖穴石板墓9座。随葬品丰富，青铜器种类繁多，工艺精湛，考证为山戎贵族墓葬，年代在西周至春秋中期。

1963年，辽宁省昭乌达盟文物工作站和中国社会科学院考古研究所东北工作队发掘了2座夏家店上层文化墓葬，编号分别是

M101和M102，两者东西相距120米。墓葬结构均为土坑竖穴内用石块砌筑石椁，均为夏家店上层文化。

## 遗产建筑特色

（1）南山根遗址的石椁墓建筑风格独特，均用石块逐层垒砌，规模宏伟，属于内蒙古青铜时代的早期石砌建筑，具有重要的研究价值和代表性。

（2）著名的M101大型墓葬，长3.8米，一端宽1.8米，另一端宽2.23米，深2.4米，四壁向下略内收，底略小于口，方向135度。椁室四壁用石块砌筑，厚薄不等，两端垒砌三层，厚0.6～0.7米，两侧各垒砌一层，厚0.2～0.3米，高1.8米，顶盖是用小石板向中间叠涩铺砌，中部已经塌陷。底部铺一层小石板，保存较好。M102大墓，位于M101西120米处，土坑平面大致呈长方形，

长2.8米，宽1.15米，深0.9米，方向120度。口底相当，四壁较直。椁四壁用砾石垒砌，绝大部分是砌筑内外两层砾石，个别处用一层大砾石垒砌。用小石板铺椁顶，底部土底，没有铺石板。木棺已朽。人骨残留头骨和上肢骨等。随葬品近60件，以青铜器为主，还有石器、骨器和角器等。

这里的出土遗物以青铜器为主，还有金器、石器和骨器等，青铜器有五百余件之多。特别是"阴阳剑"、金耳环、铜盔为青铜时代罕见的随葬品。反映了夏家店上层文化的特色以及对外交流的情况，具有重要的研究价值。

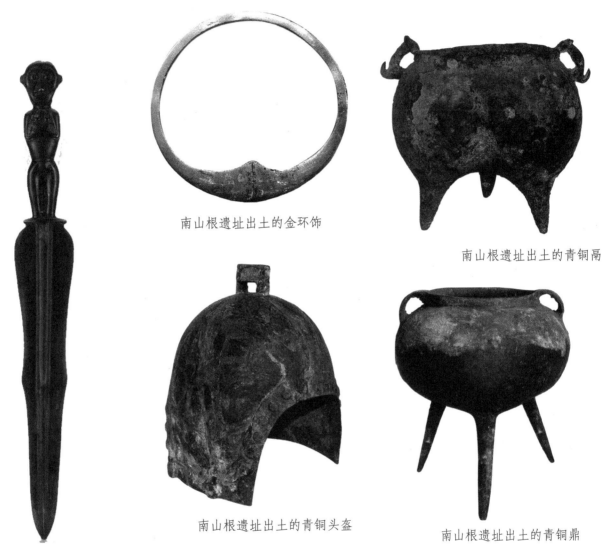

南山根遗址出土的金环饰

南山根遗址出土的青铜鬲

南山根遗址出土的青铜头盔

南山根遗址出土的青铜鼎

南山根遗址出土的立人柄青铜"阴阳剑"

# 十八、大井古铜矿——草原铜都建筑

大井古铜矿遗址

## 遗产概况及历史沿革

　　全国重点文物保护单位大井古铜矿遗址位于内蒙古赤峰市林西县官地镇大井村北，是一处集采矿、选矿、冶炼、铸造为一体的联合作坊，在2.5平方公里范围内有40余条古采矿坑，矿坑多数深达7～9米，其中最长的达102米，残留的石制工具俯拾皆是，可见当时采矿规模的浩大。

　　大井古铜矿的开采同悠久的青铜冶铸史息息相关，它证实了早在二、三千年以前，夏家店上层文化的先民们就在这里用粗糙的石制工具来开采铜矿，并创造了灿烂的青铜文明。

## 遗产的建筑特点和重要意义

　　（1）在古铜矿的冶炼遗址中，分布有建筑密集的炼铜炉，建筑形制有椭圆形、马蹄形和多孔串窑式炼炉，还发现有为提高炉温而使用的鼓风建筑设施。这是东北和内蒙古地区最早发现的、规模最大的青铜冶炼青铜建筑遗址，对于研究内蒙古地区青铜冶炼的技术具有重要的参考价值。

　　（2）铜矿系露天方式开采，大型石锤是开掘坑道的主要工具；中型锤、镐用来剥落矿石；小型锤、镐则主要用于选矿、粉碎矿石。铜矿系露天方式开采。

　　（3）在临近大井古铜矿的翁牛特旗黄土梁，发现了一座青铜匠师的墓。墓中随葬品丰富，其中有墓主人生前用以铸造青铜器的石范（即用于铸造铜器的模子），多数是复合模（即用两块以上模子套合在一起，再灌铸出产品）。经套合比较，得知墓主人当年曾制造过青铜斧、青铜铃以及连珠形装饰品。此外，墓中还陪葬了一件红陶鼓风管，鼓风管的形状很特殊，风口部位做成马头形，结合大井古铜矿遗址中的炼炉来探讨其使用方法，如进风口比较贴近地面，则马头形的鼓风口必须昂起，才能把风排进去，于是相应需在地面挖一个小坑才能放下鼓风设施，这为研究青铜冶炼史提供了新资料。

铸铜工具石范

（4）大井古铜矿和夏家店上层文化青铜匠师墓的发现，说明当时北方草原青铜文化的发达和古代北方民族冶铸青铜器的高超工艺水平。

## 遗址特点

遗址东西北三面为山丘，南面为较为平坦的田地和村民住房，遗址范围内碎石遍地可见，遗址区周围分布着正在开采运转的四个矿井和矿区工人的住宅用房，遗址面积2.5平方公里，发现47条矿坑分不同方向布局在山谷之中，长宽深浅各不相同，皆为露天开采，坑道与坑道互不相通，文化堆积较薄，主要遗址是古采矿坑、工棚和冶炼用的坩埚，重要的文化遗物石器，均选用天然砾石磨制而成，器形有锤、镐、滑车等，皆为亚腰形，陶器次之，器形有鼎、罐、盆、豆等，素面压光，无纹饰，再次之为铜器、骨器，均为小件，器形有锥、针、镞、匕等。根据北京大学历史系考古专业碳14实验室测定年代相当于春秋早期或稍早，是我国东北目前发现最早的一处古矿冶遗址，属辽西地区的夏家店上层文化。

大井古铜矿遗址

大井古铜矿遗址古矿坑一

大井古铜矿遗址古矿坑二

## 历史价值

大井古铜矿遗址的发现标志着我国铜矿开采早在西周时期已达到较高的水平，具备了采矿、选矿、冶炼、铸造等全套工序。值得重视的是大井古铜矿矿石除含铜外，尚含有冶炼青铜必需的锡元素，意味着该矿产出的矿石有输往他处冶炼青铜的可能。迄今为止，长江以北的中原地带未发现锡矿储藏或遗址，而锡元素正是冶炼青铜的关键元素，因此中原地区早期青铜器的原料来源与大井古铜矿遗址之间可能存在一定联系。而此问题的深入研究，对探索辽西地区的冶金历史有重要意义，也为破解我国商周时期制造锡青铜所必需的锡矿来源这一谜题提供一个重要的线索。由此可见大井古铜矿遗址在东北地区早期冶金史中的重要性和代表性。

这一重要遗址的发掘研究，为探索中外冶金技术交流，确定辽西地区对中国文明发展的作用，研究古代北方民族的物质文化都有重要意义，对夏家店上层文化的形成与扩张具有重要的研究价值。

大井古铜矿遗址采集的标本

开采铜矿是青铜文明发展的基础，距今3000多年以前，内蒙古夏家店上层文化的先民们，已经在生产实践中学会了辨认矿石和采矿的本领，这就有力地推动青铜文明迅速发展。

夏家店上层文化，是公元前8世纪~公元前3世纪的青铜文化，分布地点为内蒙古辽河一带。夏家店上层文化青铜器是在承继商周之际北方草原地带诸青铜文化优势因素的基础上发展起来的。

大井古铜矿出土的青铜工具

矿坑建筑及开采古铜矿场景复原示意

# 十九、朱开沟遗址建筑

朱开沟遗址

## 遗址概况与历史沿革

　　全国重点文物保护单位——朱开沟遗址，位于鄂尔多斯高原上的伊金霍洛旗。20世纪七八十年代，在鄂尔多斯市伊金霍洛旗朱开沟文化遗址中，内蒙古著名考古学家田广金、郭素新两位先生，发现了一批房屋建筑遗存，以及相当于殷商时期而又独具特色的青铜器和陶器组合，并认定这些器物的主人便是甲骨文中所称的"方"人。正是他们开创了中国古代北方游牧民族与中原民族第一次接触交往的历史。也是这些人铸造出以牛、马、羊、鹿、狼、虎为图案的"鄂尔多斯式青铜器"。

　　在鄂尔多斯高原上，因朱开沟遗址发掘命名的朱开沟文化，透露出一个农业聚落如何在历史的发展进程中，演化为游牧部落的历史。

朱开沟出土的典型陶器"三足瓮"

朱开沟出土的铜刀

朱开沟遗址出土的商代早期青铜戈

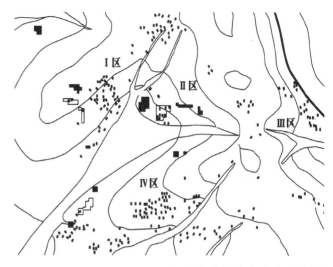
朱开沟遗址遗迹分布示意图

### 遗址建筑特点

　　朱开沟遗址早期青铜时代的房址代表了当时房屋建造者和使用者的活动方式。房址特征在不同阶段的变化反映了人们应对气候变化所采取的适应性行为。降温对朱开沟遗址的适应行为产生了重要影响。

朱开沟遗址考古发掘现场照片

朱开沟遗址的房屋有圆形地面建筑，木骨泥墙，墙体内有立柱，底部略高于墙基，房址以室内的 6 根立柱承重和架梁，墙内木柱主要起加固和定型的作用，其高度应略高于墙体，以便于搭置屋顶上的椽和檩，房顶结构可能是攒尖顶，椽木交汇处大致在灶的正上方。

还发现有方形半地穴式建筑，房址西壁内侧等距分布有 5 个柱洞，门道两侧各有 1 个柱洞，柱洞深，多打破地穴底部。这种结构表明该房址的西壁垂直于居住面，东侧为斜坡式屋顶，整个房屋没有梁，房顶的椽木直接与西侧壁柱相连，椽之间用檩子构成网格，上面铺遮挡物；此外，门道处可能有单独的遮挡结构。

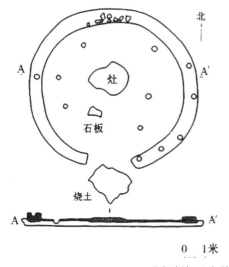

圆形地面建筑示意图

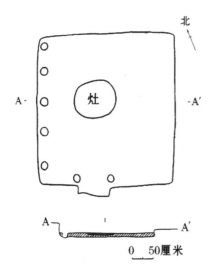

方形半地穴式建筑示意图

房子的修筑过程比较简单，是直接在平地筑起黄土墙；在墙内范围及门道处铺垫 0.05 米厚掺杂少量黄土的细沙，平整之后作为居住面；随后在房屋北部偏东正对门道处挖一口径 0.65 米、底径 0.5 米、深 0.17 米的坑灶，灶壁和底部用红黏土抹平。

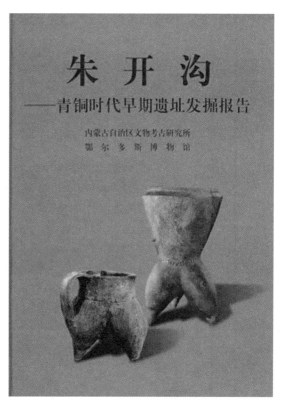

朱开沟遗址考古发掘报告（田广金、郭素新 著）

## 历史价值

据《朱开沟遗址考古发掘报告》：朱开沟遗址的时代上限相当于距今 4200 年的原始社会晚期，下限约相当于距今 3500 年的商代前期。朱开沟遗址内涵丰富、特点鲜明，为孕育我国古代北方游牧民族的摇篮。朱开沟文化晚期的先民们在经历了农业生产发展之后，由于自然环境的变化，大约在早商时期，又开始走上经营畜牧业的道路，这是牧业经济起源的一种形式。从中也可确定，鄂尔多斯式青铜器的出现，最早已可追溯到早商时期。从此，草原英雄民族的历史，在鄂尔多斯高原上拉开了序幕。

# 二十、草原岩画中的建筑

曼德拉山岩画"穹庐部落家族图"

## 遗产概况及历史沿革

在内蒙古保存有远古以来游牧人刻在大山上的岩画，其中有许多建筑图案，例如穹庐、毡帐、庙宇、塔，刻画了草原先民心中的建筑形象和部落分布情况，对于研究草原游牧地区的建筑文化提供了重要的实物图案。内蒙古老一辈岩画考古专家盖山林先生曾于1976～1980年调查了阿拉善盟、巴彦淖尔盟岩画，共发现岩画万余幅。这批岩画是探索古代北方游牧民的建筑、社会、经济、生活习俗、宗教信仰等方面的宝贵资料。

## 遗产特色

位于巴彦淖尔境内的阴山岩画，反映了古代狩猎游牧民族的社会生活，其中车辆出行、骑士、赛马、穹庐毡帐、人面形、人手足印、兽禽足印、神灵天体、拜日祭祀等，艺术地表现了古代北方草原、山地狩猎游牧人的社会生活和意识形态，是中华民族艺术渊源的组成部分，它像一颗颗璀璨的明珠闪烁着不朽的光辉。颜料岩画为蒙古族所特有，岩画内容除一部分反映生活、生产（如奔马、双峰驼、牧工图等）之外，多数是草原动物图像。

动物，与当时尚处于狩猎或放牧时代的游牧民族来说，是息息相关的。它们是游牧

古人类创作岩画场景复原图

民族主要的食物来源，兽皮也可用于缝制衣裳。因此在岩画中，动物图像占的比重是最大的。其中有马、牛、山羊、长颈鹿、麋鹿、狍子、罕达犴、狐、驼、龟、犬、鹰等各种飞禽走兽。对于这些动物的刻画，大都采取了写实手法，一般都很形象而生动，有很多甚至达到了写实与艺术的完美结合。

古代匈奴人刻画在阴山上的老虎岩画

阴山岩画"祭祀双神图"

## 遗产建筑特色

（1）在曼德拉山的穹庐部落家族的岩画中，所刻画的穹庐很原始，是由简单的木杆搭架起来的，类似鄂伦春，鄂温克猎民居住的撮罗子，或者北极圈猎民的帐幕。居民们共同居住在各自的帐幕里面，形成了一个村落。因此，阿拉善的穹庐家族岩画图，是最早的建筑岩画。对于研究草原游牧民族的早期建筑具有重要意义。

（2）既要求生存，还要求发展。内蒙古远古的先民在保证生活居住的问题上，有着朴素的认识与神圣的责任感，通过手印岩画表现出来。

阿拉善"布布手印彩绘岩画图"草原先民，把自己的红的手印印在洞穴石壁上，表明了人是这个洞穴建筑的主人

# 第三篇

# 草原建筑·风格各异
# 北方各族·共筑中华
## ——内蒙古历史时代的建筑文明遗产

内蒙古地区的古代建筑文明，见证了草原文明与中原文明的互相影响，是牧农互通的典型代表。在内蒙古地区发现的古代建筑遗址、古城和文物极其丰富，对于共建中华古代建筑文明的宏伟大厦具有重要意义。主要建筑遗产有都城、陵墓、古城等，具有重要的历史、艺术、科学价值。

中华古代国家的"三皇五帝时代""夏商周三代"和"春秋战国时代"，都是中华民族多支祖先"群雄逐鹿"，进行组合与重组的重要阶段。最后的大一统，确实可称为"瓜熟蒂落、水到渠成"。秦汉帝国，是多个方国之间长期影响、交流和战争的产物。在这里，北方民族文化的影响，是其很主要的因素。在秦汉统一中华之后的两千年间，仍然是北方草原民族的多次大迁徙、大融合，推进了中国古代国家的逐步发展和扩大。最著名的几个北方民族，多起源于内蒙古地区。它们是：鲜卑（起源于今呼伦贝尔草原），后建立北魏王朝；契丹（起源于今赤峰地区），后建立辽朝。蒙古（起源于今呼伦贝尔草原），后建立元朝。从辽上京、元上都到北京城的建筑，都是南北文化交融，北方民族与中原汉族相互促进，共同创造的人类伟大文明。

例如，位于内蒙古巴林左旗的辽上京建筑遗产，对于研究我国北方少数民族契丹王朝的建都历史，宗教信仰、民族风俗、城市建筑布局具有重要的科学研究价值。作为中国游牧民族在北方草原地区建立的第一座都城，辽上京体现出既效法中原地区都城的规制，又结合游牧民族传统的规划思想。这一范式对其后的金、元、清诸王朝产生了深远影响，提供了鲜活的依据和重要实物资料。

再如，位于内蒙古东部呼伦贝尔草原深处的巴彦乌拉古城，是成吉思汗幼弟斡赤斤的政治、文化、经济中心。据《史集》记载，皇太弟斡赤斤喜欢修筑城邑、兴建宫殿："他到处兴建宫殿、城郊官院和花园"。按照蒙古族幼子守灶的习俗，斡赤斤与母亲月伦太后居住在一起营建了黄金家族的重要的城邑。当地古城周边草原广阔，各种建筑材料和宫殿的兴建，反映了蒙古黄金家族与中原内地的交流，是牧农互通的典型代表。

# 一、帝都京城建筑

# 1. 辽上京遗址建筑

辽上京古城遗址航拍图

## 遗产概述及历史沿革

　　全国重点文物保护单位——辽代上京
遗址，位于内蒙古赤峰市巴林左旗林东镇
南，是契丹民族建立的第一座国都遗址。
地理坐标为东经119°23′45.16″，北纬
43°57′48.79″，海拔高度为1650米。辽
上京遗址是中国北方草原地带保存最为完好
的辽代都城遗址，也是契丹族最为重要的都
城，其规模宏大，形制特殊，是辽代的政治、
经济、文化中心。辽上京在建城前为契丹迭
剌部居所，史称"西楼"。

## 历史背景与建筑特色

　　辽上京城为辽太祖在公元918年营建，《辽
史·地理志》载："上京，太祖创业之地，
负山抱海，天险足以为固，地沃宜耕种，水

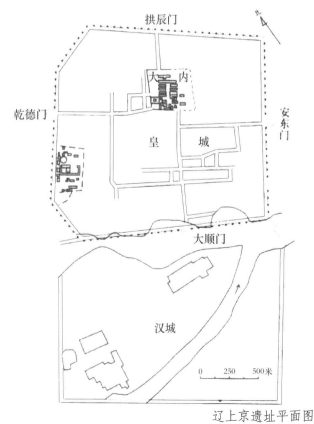

辽上京遗址平面图

草便畜牧。"辽上京建筑，分南北相接的两城。北城为皇城，呈六边形，周长6公里，分外城和内城（大内）两部分，是契丹帝王理政和居住的地方。其建筑具有浓厚的军事意味。南城为汉城，为正方形，周长近6公里，它的北墙就是皇城的南墙，是汉族及其他民族居住之地。汉城内还设有驿馆，专门接待宋、西夏及西方各国使者。汉城南门有回鹘营，是回鹘商贩的驻地。

辽上京宫殿建筑遗址

辽代建筑墨线图

辽上京的布局，采用契丹人与汉人分居的形式。其皇城虽然仿效中原都城，但不对称，内城中还有大片空地，专门用来搭架毡帐，以适应游牧生活方式。辽上京在当时欧亚地区中，是极繁荣的都市。汉城内商肆林立，名酒、丝绸、蔬果、粮食、工具及各种珍奇货色均有出售，并有"夜市"。契丹皇帝有时也在夜晚微服私访汉城，饮酒观市。西域诸国的使臣，每三年来上京一次，使团的人数都在四百人以上，带来玉珠、犀、乳香、琥珀、玻璃、玛瑙、兵器进献。辽每次回赐的物品金额不少于四十万贯。辽上京还有日

契丹人雕像

本、高丽和女真商客，前来从事山货，如人参、貂皮、蜂蜜、松子以及生金等的贩运和经销。

2019年，考古人员在辽上京发现一处大型宫殿遗址，面阔九间，进深八间，坐西朝东，为二层楼阁式，总面积约1300平方米，是辽上京最大的宫殿建筑遗产，意义十分重大。

皇城平面呈不规则六边形，城墙总长约6400米，面积225万平方米，由外城和内域组成。城墙均为夯土版筑，残高5~9米。外城东、南、北墙呈直线，各长约1500米，

辽上京宫殿建筑还原模型

西墙中段位于小土冈顶部，南、北两端向内曲折，全长约1850米。

宫城位于皇城中央部位，皇城四面城门内

内蒙古历史建筑丛书
草原文明建筑

部有大街直通大内宫墙外。宫城平面呈长方形，墙基已毁，周长约2000米。内有宫殿、门阙、仓库等建筑基址。皇城南部有不规整的街道及官署、府第、作坊和寺院基址，其中一座寺院内残存一尊4米多高的石观音像。

石像所在地为天雄寺遗址。皇城西南的一处自然高地是全城的制高点，学术界通常认为是辽上京早期的宫殿遗址"日月宫"所在地，经考古发掘确认，为一处辽代始建的佛教寺院遗址。皇城北部地区空旷开阔，为契丹贵

辽上京遗址西城墙

位于辽上京古城内的石观音像

族毡帐区。皇城是当时的政治中心，为契丹皇室宗族、后妃、官吏居住之所。

汉城位于南部，平面略呈方形，周长约5800米，面积210万平方米。其北墙即皇城南墙，东、南、西三墙系扩筑。墙身较皇城低窄，基宽12～15米，残高2～4米。无马面和敌楼，原有城门六座。

在辽上京古城遗址附近存砖塔2座，一座位于城址东南约3公里的山坡上，为辽代开悟寺塔，俗称南塔。八角密檐式，残存七层塔身及塔基，塔刹及檐椽都已塌毁，残高约25米。塔身第一层每面镶嵌高浮雕石刻佛、

菩萨、天王、力士和飞天像。一座位于城址北约1.5公里，为辽代宝积寺塔，俗称北塔。六角密檐式，仅存五层塔身，残高约6米。

辽代设有五京——辽上京、中京（内蒙古宁城）、南京（北京市）、西京（山西大同）、东京（辽宁辽阳）。现存的古建筑，大多数保留在内蒙古以外的三京。从中，也可以推测到辽上京宏伟的古代建筑情况。

辽上京南塔

辽宁朝阳奉国寺大殿

### 辽上京都城的规制特色

　　辽上京规划完备而有特色。例如，面积达770米×740米的宫城位于辽上京皇城正中，开放式的街巷等特征，与北宋都城开封、元朝大都等都城的格局一致。重要的是，辽上京皇城西部的最高处是一处佛寺遗址，文献记载还有孔庙和道观。由此可知，辽上京是多民族共居，多种宗教并存的古城，它是五京制的契丹与汉文化传统融合的实物见证。

辽上京北塔

辽代石刻建筑文物

辽代古画——"卓歇图（局部）"

　　2012 年，国家、自治区考古部门对辽代上京皇城西山坡遗址北院 YT1、YT2 和 YT3 等进行了全面考古发掘。根据考古发现的遗迹和遗物，可以确认西山坡是一处辽代始建的佛家寺院遗址，位置重要、规模庞大，是当时辽上京城标志性的建筑之一。

辽上京皇城西山坡佛寺遗址发掘工地全景

## 建筑价值

　　辽上京遗址是辽代早期的政治、经济、文化中心。辽上京对于研究我国北方少数民族契丹王朝的建都历史、宗教信仰、民族风俗、城市建筑布局具有重要的科学研究价值。作为中国游牧民族在北方草原地区建立的第一座都城，辽上京体现出既效法中原地区都城的规制，又结合游牧民族传统的规划思想。这一范式对其后的金、元、清诸王朝也产生了深远影响。

辽上京遗址乾德门发掘工地全景

# 2. 辽中京遗址建筑

辽中京遗址现状

## 遗产概况及历史沿革

全国重点文物保护单位——辽中京遗址，位于赤峰市宁城县天义镇南城村。辽中京是辽代五京之一，遗址是辽朝在辽宋澶渊之盟后，于辽统和二十五年（公元1007年）在奚王牙帐地兴建的土筑古城。

在历史上，辽王朝共建有五座都城，即上京临潢府、中京大定府、东京辽阳府（今辽宁省辽阳市）、南京幽州府（后改名析津府，即今北京市）和西京大同府（今山西省大同市）。其中首都辽上京和陪都辽中京均建在北方契丹本土内（今内蒙古赤峰市境内），是著名的草原城市。20世纪60年代，内蒙古自治区文物考古部门，在此进行考古发掘，初步探明了辽中京遗址分布情况。

## 遗产建筑特色

辽中京是上京的陪都，城垣由外城、内城、皇城三重城组成，周长15公里，街道宽阔，布局有中轴线，东西对称，平面呈"回"字形。外城南北宽3500米、东西长4200米，内城在外城北部居中东西长1900米、南北宽1500米，皇城在内城北部居中为正方形、边长1000米。总面积约1470万平方米。城墙、瓮城残高1～6米不等，在外城和城外矗立着三座辽、金时期的砖塔。遗址内建筑遗迹明显，地面见有房址、灰坑、砖构件、瓷瓦片等遗迹、遗物。辽中京遗址内现有三座密檐八角实心砖塔。大塔位于城址东南部，高80.22米、直径34米，是全国体积最大、高度最高的辽代古塔。大塔为八角形十三层密檐式实心砖塔。小塔建于金代，高24米、直径7米，位于城址西南阳德门西南。半截塔残高16米，直径13米，位于城外西南部，建于辽清宁年间，为八角形密檐式实心砖塔。

辽中京城内仍留大片的空地，广设毡帐，

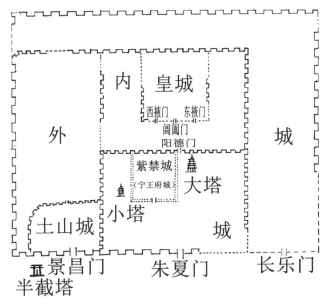

辽中京遗址平面图

供契丹人驻防。城内设有"大同驿"以接待宋朝来使。"来宾馆"和"朝天馆",分别接待西夏和新罗使者。辽中京的佛寺和大塔极为著名,均为皇家特建,气宇恢宏。商业区设在宽达百步的城南大道两侧,有廊舍三百余间,以供商业贸易。中京城还有许多汉人养蚕织绸,专门生产送给宋朝的礼品。

辽中京大塔远景

辽中京小塔远景

### 遗产价值

　　辽中京遗址是辽代五京之一,也是辽代中晚期的政治、经济、文化中心。辽中京遗址不仅具有较高的考古价值,而且还是研究我国北方少数民族契丹王朝中晚期的社会变革、民族友好往来、宗教信仰、军政制度、民族风俗、丧葬习俗、城市建筑布局的史料,具有极高的历史、艺术、科学研究价值,也为研究我国北方少数民族的历史沿革、社会发展状况及各民族之间文化交流等方面提供了鲜活的依据和重要实物资料。

　　在今内蒙古以外的西京、南京和东京,也各具特色,特别是辽南京(今北京市)最为繁华,其周长达 18 公里,面积居五京之首,海陆百货堆积如山,城内建筑颇为富丽。辽之后,金、元、明、清各朝均定都于此。辽上京以及五京的建立,加速了契丹社会的封建化进程。

# 3. 元上都遗址建筑

元上都城址航拍图

### 遗产概述及历史沿革

全国重点文物保护单位，内蒙古第一个世界文化遗产——元上都遗址，位于内蒙古锡林郭勒盟正蓝旗、多伦县境内闪电河畔金莲川草原地区，北依龙岗，南临滦河。地理坐标为东经116°09′50″～116°11′40″，北纬42°20′40″～42°22′13″，海拔高度为1200～1500米。

元上都遗址所在地金莲川草原地区，历史上曾经是中国古代游牧民族频繁活动的地区。1251年，成吉思汗之孙忽必烈受命总领漠南汉地军国庶事，驻帐金莲川，建立了金莲川幕府。1256年，忽必烈命刘秉忠择地兴筑新城，此为元上都的滥觞。1259年，新城建成，城市背靠山峦，南临滦河，放眼一望无垠的草原，气势恢宏，遂命名为"开平"。1260年，忽必烈在此召开忽里勒台大会，登上汗位，并依中原王朝制度，建元"中统"，将开平升为府，置中书省，总理全国政务。1263年，正式诏令开平府为上都，同年迁都燕京。

自1263年始，元世祖忽必烈每年二月起程赴上都，八月底返回，元朝两都巡幸制度由此形成。元朝皇帝每年有多半年的时间在上都避暑，同时处理军国大事，会见各国使臣。元朝实行两都制，既是生活方式的需要，也是政治上的需要。蒙古人主要从事畜牧业，习惯于逐水草而居、四时迁徙的生活方式，不耐暑热，以射猎为乐。蒙古皇帝在统治包括广大农业区在内的国土之后，仍然在很大程度上保持着这种生活方式。

元上都是一座融蒙汉文化为一体的草原都城，具有与内地农业区城市不同的许多特色。

它是根据元代统治者的生活需要和政治需要建造起来的，它既具备汉族传统城市的风貌，又带有蒙古游牧生活方式的特色。由于上都的地理位置"控引西北，东际辽海，南面而临制天下，形势尤重于大都"。所以，元世祖、元成宗、武宗、天顺帝、文宗、顺帝等六位皇帝都在上都继位登基，显示了上都举足轻重的政治、军事地位。

元上都既是元朝的夏都，也是欧亚大陆上最有特色的草原城市。元朝的建立，打通了欧、亚、非三大洲之间的交通。在一百年左右的时间里，元朝与四大汗国之间频繁往来，与欧、亚、非各国的联系密切，使草原文明、欧洲文明和东方文明互相交流，形成了独具特色的蒙元文化。中国元明清三代在北京的营建，都受到元上都的很大影响。

元世祖忽必烈画像

元上都城门建筑示意图

## 元上都的建筑

### （1）上都的城门

元上都分为宫城、皇城、外城三部分。宫城有三座城门，分别在宫城的东、南、西三面墙的正中开设城门一座。元代周伯琦的诗中说："东华西华南御天，三门相望凤池连"。在诗中，把宫城的三座门的名称都说明白了。即：宫城南门是御天门，东门是东华门，西门是西华门。在三门相望可见的地方是凤池，即元朝设在上都的行中书省衙门。

元上都皇城在外城的东南角，平面为正方形，皇城虽然也用黄土板筑，但表面护有石块砌成的护层。皇城四角有高大的角楼台基遗址。皇城南北各有一门，东西各有二门。皇城的东墙、南墙，也就是外城东、南墙的一部分。因此，外城东墙的门就是皇城的门，外城南墙的门与皇城南门也是同一座门。据调查，元上都外城与皇城的各城门门外，都建有高大的瓮城，南北门的瓮城是方形的，

东西门的瓮城则为圆马蹄形。在文献记载中，元上都有名称的城门为：东门、小东门；西门、小西门；南门、北门、复仁门。

今御天门外建有门阙的高大台基处，是当年百官听宣之所，可使人们想起当年这座宫城正门的雄伟面貌。同时，这一传统也为明清所继承。19世纪末，上都御天门的拱形砖门洞尚在，但今已不存，只有旧照为证。元上都外城平面的形状为正方形，有七座城门，即：东门、南门、北门各两座，唯独西门一座。每边城墙的长度为2200米，全用黄土板筑，

元上都御天门遗址

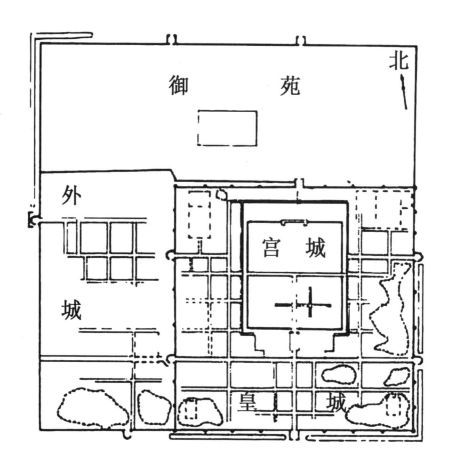

元上都遗址平面图

元代官殿建筑壁画

现存城墙高 5 米，下宽 10 米，上宽 2 米。

## （2）上都宫城

宫城的建筑城墙用黄土板筑（木板夹装湿土夯实）而成，城墙外层在地基上先铺四层 0.5 米厚的石条，然后以青砖横竖交替砌起。在青砖与土墙之间，再夹一层厚 1.4 米的残砖。现存城墙高约 5 米，下宽 10 米，上宽 2.5 米。

城的四角建有角楼，东、南、西三面各设城门一座。东面迎着太阳升起的称东华门，西面是太阳落下的地方称西华门，南面正对着天穹称御天门。根据文献记载宫城内有大安阁、穆清阁、洪禧殿、水晶殿、香殿、宣文阁、睿思阁、仁春阁等宫殿楼阁建筑。现在宫城内的建筑台基约有二十处左右，有的

未被记载下来。

在元上都，忽必烈把蒙汉文化融为一体，创造了一座新型的草原都城，它是根据元代统治者的生活需求和政治需要建造起来的，它既有汉族传统城市的风貌，又带有蒙古游牧生活方式的特色。在元朝百年历史期间，先后有元世祖、元成宗、武宗、天顺帝、文宗、顺帝等六位皇帝在上都继位登基，显示了上都举足轻重的政治、军事地位。元上都的城

元上都穆清阁踏道"象眼"建筑

元上都穆清阁主殿与配殿相接区遗迹

元上都大安阁遗址出土的汉白玉龙柱

元上都穆清阁遗址台基

元上都穆清阁遗址全景

市建设、规划、布局，体现了人与自然的和谐，为后人留下了一笔宝贵的财富。这也是元上都被列为世界文化遗产的主要原因。

### （3）上都皇城

皇城在是全城的东南部，宫城的四围，起到保卫宫城的作用。城墙用黄土夯筑，外包片石，基宽12米，残高6米，上宽2～5米。四角有高大的角楼台基。其中皇城北城墙承应阙上的"上都司天台"，被确认为国家天文台的诞生地。南北各设一门，有方形瓮城门。东西各设两门，有马蹄形瓮城门。皇城南门明德门取《礼记》的"在明明德"之意，表示如日中天，天下大明，实为上都城的正门，在出入宫城的主干道。由明德门南去不远，便是滦河河道，四季有水，平时很浅，可以趟水过河。雨季则河宽水深，故元代在河上架有桥梁，原保留有河道北侧桥墩石的遗迹，并有桥头堡，是一敖包遗迹。

在皇城内建有寺庙、国学等大型建筑，西北部是乾元寺，东北部是大龙光华严寺，东南部是国学孔庙。在元人文集中，元上都还

元代刘贯道绘"元世祖出猎图（局部）"

被形象地称为"石城"，即因有用片石包砌的城墙，片石经过精选，大小适中，砌筑技艺很细，现已把皇城东墙北段的外侧作了清理修复，可供观览研究。（关厢部分略）

## 元上都的建筑遗址

### （1）大安阁遗址

上都城的主要宫殿位于宫城的中部，忽必烈于至元三年（1266年）十二月建成。元朝皇帝在这里登极、临朝、议政、修佛事，相当于大都皇宫的大明殿，故云"大安御阁"。在这里经常举行国家的重大典礼，如元成宗、武宗、天顺帝、文宗、顺帝即位时的忽里勒台，都是在此召开的。元朝皇帝还经常在这里与诸王、大臣聚会，接见外国使者。

元上都宫殿遗址出土的汉白玉建筑构件

该建筑台基地貌为方形，边长约60米，经考古清理探测，汉白玉石条垒砌的台基长宽约40米，底部铺一层宽约50～60厘米的石条，两面以"燕尾槽"浇铸铁水相连，石条上摆放一层高56厘米的汉白玉雕石构件。正面雕出牡丹、莲花等缠枝花卉等，图案十分精美，还有大量的龙纹构件残块等。根据考古调查，位于宫城中心丁字街北侧的宫殿遗址为大安阁遗址。

元上都宫殿遗址出土的汉白玉建筑构件

元上都大安阁建筑航拍图

大安阁建筑模型

### （2）承应阙遗址

元上都宫城只有三个门，正南御天门，两侧分别为东华门、西华门。但在北墙中段有个庞大的阙式建筑台基，以中央平台为主，辅以两翼向前凸出，成为东阙、西阙，三台相连为一组建筑台基，高出城墙顶部约30厘米，墙头到双阙间，为略向内收的通道，总长度为75米。这组阙式建筑台基应与宫城墙体为同时所建。

### （3）乾元寺遗址

乾元寺建于忽必烈至元十一年（1274年），由忽必烈敕建，是大元帝国的"国寺"。元朝的国名和乾元寺之名，都取义于"大哉乾元"，寺址位于皇城西北角内。又取《周易》后八卦方位的乾位，"乾为天"，是象征大元帝国拥有天下的国寺，大都之大护国仁王寺由胆巴金刚上师住持，上都寺也应有国师或帝师在此，以"镇国"。寺与宫城的西北角外相邻，其内的造像、绣像均由尼泊尔大师阿尼哥所制。寺址做纵深的长方形，以墙围绕，南北纵深约200余米、东西宽100余米，分前后两院。此外，作为国寺的大乾元寺应设有御容殿，因为元代历代皇帝皇后建佛寺为自己祈福已成惯例。死后，其遗像（织锦为之）即供奉于所建寺院中，所在殿堂称为神御殿。大乾元寺内应供奉忽必烈与察必皇后的御容像。

元上都城内的金莲花

### （4）大龙光华严寺遗址

该寺创建较早，约建于蒙哥汗八年（1258年），即开平府创建后不久，位于皇城的东北角，建庙时取先天八卦方位的艮位。元平南宋后，忽必烈曾将明州（宁波）的阿育王山广利寺收藏的佛教圣物舍利宝塔迎往北方各大寺及宫中，轮流供奉，其中就有上都大龙光华严寺。由此可见该寺之特殊地位。大龙光华严寺分东、中、西三院，中院的建筑遗迹最为明显，为前后相连的两个殿基的后殿

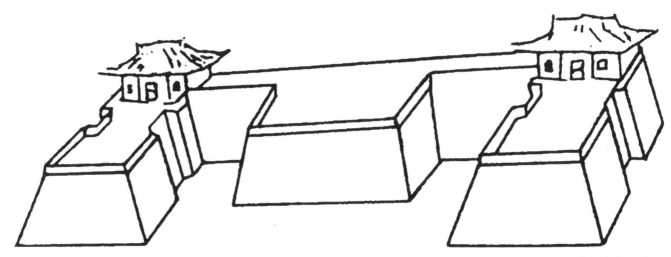

承应阙复原示意图

为长方形，前殿规模较大，前出月台，后连廊道。三个院落东西跨达 300 余米，是城中之城。

### （5）孔庙遗址

忽必烈于至元四年（1267 年）在上都皇城内建孔庙。后继的元代皇帝们更推而广之，下诏尊崇孔子为"大成至圣文宣王"，孔庙遍及全国。元上都的孔庙遗址位在皇城东南角，建筑遗址十分宏伟。

元上都是一座世界名城，它的设计布局和规划，也影响了元大都（今北京）的建设，今天的北京城有许多元上都的因素，著名的"胡同"就是典型的代表。

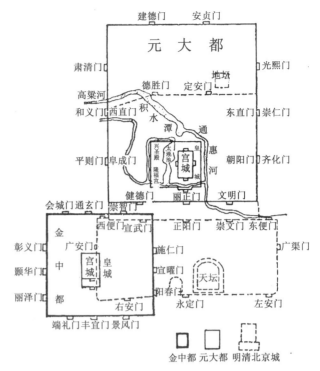

元上都都城布局复原墨线图

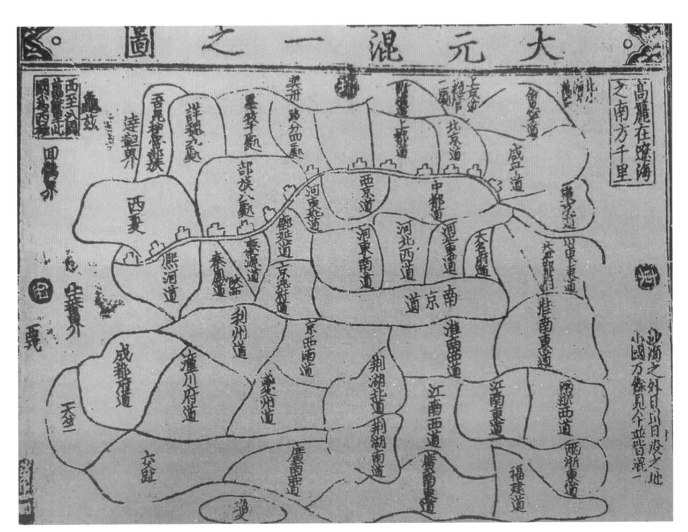

元代古地图

# 二、重要古城建筑

# 1. 和林格尔土城子遗址建筑

土城子古城南部远景

## 遗产概况及历史沿革

全国重点文物保护单位——和林格尔土城子遗址，位于内蒙古自治区呼和浩特市和林格尔县上土城子村北1公里，南距和林格尔县城关镇约11公里，北距呼和浩特市约38公里。遗址地处北部土默川平原南缘，地势平坦。

古城南城墙中部被宝贝河河水冲毁，现存古城分为西城、南城、中城、北城四部分，平面呈不规则多边形，东西宽1550米，南北长2250米，面积约349万平方米。北城墙、东城墙北部保存较好，残高5～10米，南垣中部被河水冲毁，东、北、西三面中部设有城门，外置瓮城。古城周围分布着墓葬，城址周围500米范围内墓葬更为集中。

1960年，内蒙古工作队为配合农田基本建设，对古城和城北墓葬进行抢救性发掘，勘探面积约6万平方米，发掘面积500平方米。解剖城垣四处，发现有道路、房屋、灰坑、窑址和墓葬等。从1997年开始至今，内蒙古自治区文物考古研究所为配合蒙牛公司建设和古城遗址公园建设，对城内和周围墓葬进行了大规模发掘。

## 遗产价值

这座古城是内蒙古境内连续使用时间最长的一座重要古城。它的西城是春秋时期城址，是北狄的裹地，也是呼和浩特地区最早营建的城市。它的南城始建于秦汉，西汉定襄郡所在的成乐县，魏晋沿用。最重要的是它的中城建于北魏时期，一度曾经作为拓跋鲜卑的盛乐都城。北魏拓跋珪迁都平城后，尚以盛乐为北都，平城（今山西大同）为南都，盛乐古城作为北魏皇帝北巡祭祖的重要城市。中城位于南城的西北部，西南角已被河水冲毁，南北长730米，东西宽450米。它的北城始建于隋，为突厥启民可汗兴建的大利城，是定襄郡治所，唐代沿用，南北宽1450米，南北长1740米。辽金元时期城镇沿用中城，称为振武城，是振武县治所。

## 墓葬建筑特色

内蒙古考古工作者在和林格尔土城周围发掘墓葬约3000余座，代表了内蒙古地区各时代、多民族不同种类的墓葬建筑，据统计有竖穴土坑墓、土洞墓、砖室墓、瓮棺葬和乱葬坑等。墓葬时代包括春秋战国、秦汉、魏晋、隋唐、辽金元等，古城东侧以春秋战国墓为多，南侧和西侧以汉墓为多，北侧以辽金元时期墓葬为多。

土城子古城内发掘的汉代墓葬坑

春秋、战国墓葬为长方形竖穴土坑墓，单人葬；战国时期墓葬发现有环壕墓葬，部分墓葬有壁龛和头龛；秦代墓葬葬式多为屈肢葬，分为仰身和侧身两种；汉代墓葬形制除了竖穴土坑墓外，还有竖穴土坑木椁墓、土洞墓、砖室墓等；魏晋时期墓葬多为土坑竖穴墓，大部分有木质葬具，多见仰身直肢葬，殉牲现象普遍；唐代墓葬分为土洞墓和砖室

墓两种，均带有墓道，土洞墓有直洞墓和偏洞墓两类，砖室墓分为圆形和方形两类，穹隆顶，部分墓葬用砖和石块封堵墓门，双人合葬墓为主；辽代墓葬多为带墓道的砖室墓为主，室内有砖砌尸床，穹隆顶，有的墓葬有壁画。

盛乐古城延续时间长，从春秋战国，历经秦汉、魏晋、南北朝、隋唐，一直延续到辽金元，古城建设的时间长达两千余年，保留了大量建筑遗存，是内蒙古极为珍贵的文化遗产。

和林格尔土城子遗址航拍图

和林格尔北魏时期墓葬壁画"车马出行图"

内蒙古历史建筑丛书

草原文明建筑

# 2. 云中古城遗址建筑

云中古城东段城墙遗址航拍图

## 遗产概况及历史沿革

　　全国重点文物保护单位——云中古城，位于呼和浩特市托克托县古城乡古城村。据考古专家介绍，云中城周长约8公里，南墙长1920米，残高4.5米，宽8米，夯层厚度8～12厘米。下层夯土及城内地下有战国及秦汉陶片，上层夯土中夹有北朝遗物。现古城地表散布着大量陶片瓦砾，尤以中西部最为密集，大部分为汉魏、北朝遗物。古城内地下还有战国、秦汉时期的历史遗物。

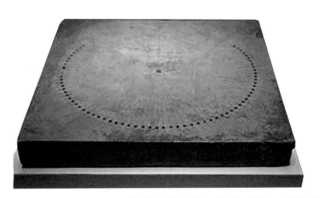

云中古城出土的汉代计时器石刻日晷

## 遗产特色与价值

　　据史书记载，赵武灵王十九年（公元前307年），赵国置云中郡，把郡址选定在云中城。秦始皇十三年（公元前234年），仍置云中郡。西汉时期，云中城发展到了鼎盛时期。云中郡属之县由秦代的两个发展到11个，成为北方地区政治、经济和军事中心。

　　云中古城遗址位于托克托县双河镇东北、

云中古城出土的汉代"千秋万岁"瓦当

云中古城出土的北魏佛教瓦当

呼——托公路西侧的古城乡古城村。云中古城遗址的城墙平面呈不规则形状，墙体为夯筑而成。古城的西墙、南墙较为完整，东墙、北墙破坏较为严重。

公元前307年，赵武灵王下令按照北方游牧民族的习惯风俗改变衣着装束，学习骑马射箭，从而打败了林胡、楼烦开始修筑长城，在北方地区设置了云中、雁门和代3个郡。据《山西通志·府州厅县考》记载："托克托厅，古云中城所在也，战国赵武灵王所筑。"

关于云中城的历史，还有一个神奇的记述：据《山西通志》卷三十"府州厅县考"引《水经注》："虞氏记云：赵武侯自五原河曲筑长城，东至阴山，又于河西造大城，一箱崩不就，乃改卜阴山河曲而筑焉。昼见群鹄游于云中，徘徊经日，见火光在其下。武侯日；'此为我乎！'乃即于其处筑城，今云中古城是也。……宋白曰：胜州榆林县界有云中城，赵武侯所筑。"通过对赵国史料的研究可知：赵武侯是赵烈侯的弟弟，公元前400年赵烈侯死后，他被立为赵国君主，从公元前399年开始纪元，至公元前387年，共在位13年。赵武侯在《资治通鉴》里称赵武侯，在《史记》里称赵武公。赵武侯筑云中城的时间，应该在公元前399年~387年他任赵国君王期间。

另据《史记·匈奴列传》记载："赵武灵王十九年（公元前307年）赵武灵王亦变俗胡服，习骑射，北破林胡、楼烦，筑长城，自代并阴山下，至高阙为塞，而置云中、雁门、代郡。"《史记·赵世家》记载："赵武灵王二十六年（公元前300年），复攻中山，攘地北至燕代，西至云中九原。二十七年（公元前299年）五月，大朝于东宫，传国，立王子何……是为惠文王……武灵王自号为主父"等史书可知：应当是先有赵云中城，而后才有云中郡。所以赵武侯筑云中城在前，赵武灵王置云中郡在后。因此，在赵武灵王还未被立为赵王之前（公元前326年），云中的名称已经在史书里出现了，可见古云中城并非赵武灵王所筑。

## 古城建筑历史价值

呼和浩特市托克托县古城乡古城村。云中城是有文字记载以来，呼和浩特地区历史上最早出现的城。从这个意义上来说，呼和浩特地区城市发展历史是从云中城开始起步的。因此，云中古城可以被称作"呼和浩特第一城"。

云中古城作为内蒙古地区最早的大城，反映了当时建筑生产力和科学技术的发展水平。古城建筑在农牧业交错地带上，是各民族交流与融合的见证。云中古城还反映了当时古人的城市规划思想，体现了人与自然的和谐。

# 3. 鸡鹿塞古城遗址建筑

建于2000多年前的汉代鸡鹿塞古城，至今依然保存较为完整，屹立在阴山南麓

## 遗产概况及历史沿革

全国重点文物保护单位——汉代鸡鹿塞古城遗址，位于内蒙古自治区巴彦淖尔市磴口县境内，是汉代北方著名的军事交通要塞。

1963年，北京大学历史地理学家侯仁之教授与俞伟超先生实地考察后，确认了汉代鸡鹿塞的位置。汉武帝元狩年间，大将霍去病北征出击匈奴，出鸡鹿塞直达居延。史书上也留下了许多汉匈和平往来的记载。西汉竟宁元年（公元前33年），王昭君与呼韩邪单于出塞，可能是从鸡鹿塞经由哈隆格乃峡谷前往漠北的。

《汉书·匈奴传下》记载："汉遣长乐卫尉高昌侯董忠，车骑都尉韩昌，将骑万六千，又发边郡士马以千数，送单于出朔方鸡鹿塞。"《文选·班固〈封燕然山铭〉》"遂凌高阙，下鸡鹿。"李善注引《后汉书》"窦宪与南匈奴万骑出朔方鸡鹿塞。"

## 遗产建筑特色

鸡鹿塞古城为正方形，全部用石块修砌，每边长68.5米（外宽）。残墙高一般在7米左右，最高处残存约8米。城四角各有加固工事。城门南向，门内有石砌磴道直达城上。门外有类似后代瓮城形式的建筑，为同样石块修砌，其门东向。现在石城虽有部分倾圮，但整个形制大体尚属完好。城内有汉代绳纹瓦及绳纹砖的残块分布。此外还有一些灰陶残片，与窳浑城废墟中所见者相同，也都是汉代遗物。

石城东墙最为险要，它紧傍高台阶地边缘修筑。这阶地自谷底耸起，壁立如墙，高达18米，加上7米高的石墙，总计高达25米，如无特殊设备，则绝难攀登。城墙顶部宽约3.7米，墙基厚约5.3米。城墙四角分别向外突出2米多，状似角楼平台；如在此设伏，可监视和阻击自城下向上偷袭之敌。筑城材料尽为天然片石。石缝间以泥土塞垫。城墙外表垒砌整齐。但因长年风雨剥蚀，如今墙顶多处坍塌。

鸡鹿塞墙体细部垒筑形式

## 遗产的重要价值

近年来经自治区文物考古专家考证：呼韩邪单于与王昭君回到漠北以后，因内部纷争，他们夫妻曾经避居鸡鹿塞石城达8年之久。经专家研究讨论，古城具有以下几方面的价值：

### 历史价值

（1）鸡鹿塞石城始建于汉武帝时期，距今已有 2100 多年的历史，是汉代抵御匈奴入侵中原而沿阴山修筑的长城障塞。鸡鹿塞石城周围 10公里范围内的烽燧、挡马墙等共同组成了阴山古口的军事要塞，汉王朝西北的军事要冲。据传王昭君出塞曾在此居住，汉代多次大型的军事活动曾发生于此。作为汉

鸡鹿塞东北角台仰视

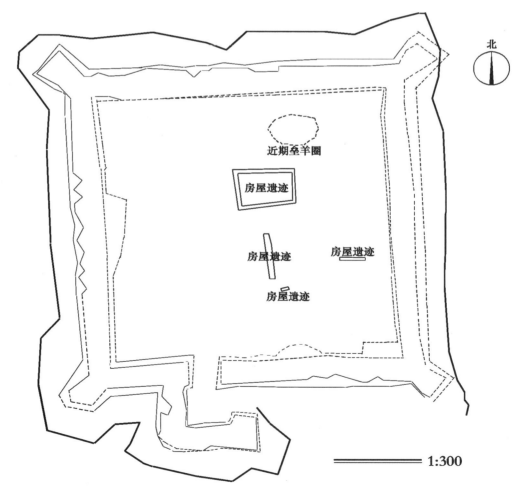

北

近期垒羊圈

房屋遗迹

房屋遗迹

房屋遗迹

房屋遗迹

1:300

鸡鹿塞现状平面图

代长城防御体系的重要组成部分，鸡鹿塞石城具有重要的军事地位和历史意义，是研究汉代军事城池和汉代边疆防御体系的重要实例。

（2）鸡鹿塞遗址的文化层分为三层。下层为汉代文化层，曾出土陶罐、板瓦残片等；中层为黄土堆积；上层为西夏文化层，出土陶瓷残片，铜弩机、甲片等。城址中获得的不同时期瓷片与瓦片标本，对研究北方地区民族文化交流的历史具有重要的价值。

（3）鸡鹿塞石城的修建与边疆地区的发展、民族政策的演变有密切的关系。石城完整的见证了汉代内蒙古地区的政治形势变化，胡汉和亲、各民族经济文化友好往来的过程，对研究西汉时期政治经济文化和民族团结有着重要的价值。

### 科学价值

（1）鸡鹿塞石城的选址充分利用了山前台地，城池邻水而较少受水的影响，城池依山又不受泥石流的摧残，充分体现了古人选址择地的能力。

（2）城墙为块石干摆垒筑，未用任何粘接材料，但是其内部土石结合分层修筑，层间夹荆条或树枝加强连接的方式，使得墙体历经千年，充分反映出我国古代就地取材的建造工程技术水平，具有科学研究价值。

### 社会价值

（1）鸡鹿塞古城遗址历史长达 2100 多年，其文化内涵丰富，是我国古代边疆防御体系的经典代表，具有传达历史，帮助我们了解、欣赏人类历史的文化价值。

（2）随着社会的发展，鸡鹿塞古城遗址的科学保护和合理利用会对当地经济和旅游起到促进作用。同时有利于促进人们文物保护意识的提高，促进当地文物保护事业的发展。

磴口县鸡鹿塞

远眺鸡鹿塞（方向东北）遗址

# 4. 石门障古城遗址建筑

内蒙古历史建筑丛书

草原文明建筑

## 遗产概况及历史沿革

石门障遗址位于内蒙古包头市石拐区阴山深处五当沟。石门障最早见于《汉书·地理志》，北出阴山石门障有光禄城、支就城，又西北有头曼城（匈奴单于），以及宿虏城等要塞。北魏郦道元在《水经注》指出石门障位于石门山中，石门水穿山而过，注入黄河。也是西汉中晚期在塞外依附于长城修筑的军事指挥系统。

内蒙古文物考古专家张文平先生率领的考察组，在确定了汉代九原县临沃县（位于包头市东河区古城湾古城）；稒阳县（位于土默特右旗大城西古城与东老丈营古城）；塞泉城（位于土默特右旗大城西乡大城西村中）三县城的旧址之后，然后又将石门水流向黄河所经山口的问题加以破解。专家指出：今天在古城湾古城与大城西古城之间，有五当沟流水注入黄河。因此，考察组认为五当沟是《水经注》记载的石门水，所以石门、石

门山、石门障等古迹一定应位于五当沟之中。

考察组认为：五当沟是沟通阴山南北的一条重要通道，五当沟的溪水北自明安川草原流入阴山大青山段，主要流经包头市石拐区，南至包头市东河区沙尔沁镇注入黄河，全长近90公里，流域面积近1000平方公里。在五当沟之中，以石拐区古城塔村为界，向南山势较为险峻，向北则进入较为低缓的山地丘陵区。古城塔村南侧，五当沟在险峻的山中向东形成一个大的拐弯，"石拐"地名由此得名。

在大拐弯处的西侧，考察组发现一条名为"石门沟"的支沟，在石门沟北端高耸的山崖当中，发现有一条人工开凿的石门，石门底宽2～2.5米，高约20米；石门两侧山体高耸，应该就是《水经注》记载的石门山。石门障得名自石门，古道石门最晚在汉代已经开凿，石门障应当就在石门山附近。

## 建筑历史价值

张文平先生率领的考察组认为：汉代的"障"为山中的小城堡，"石门障"建筑具体情况，提供了研究汉代"障"的情况的重要依据。西汉时期，五原郡设有西、中、东三个都尉，三都尉的驻地均位于阴山之南土默川，管辖的范围东西各60余公里。考古发现：中部都尉与东部都尉的分界点在包头市古城湾古城，古城湾古城以东进入东部都尉辖区（包括哈素海地区）。

汉代都尉之下设若干侯官，每名侯官管理几个烽燧城障，汉代统称为"塞"。例如：西汉张掖郡居延都尉甲渠侯官管理下的烽燧城障统称为甲渠塞，而甲渠侯官的治所名为甲渠障。石门障同理，是西汉五原郡东部都尉管理之下的石门侯官治所，而石门塞则包含位于阴山山脉大青山"石门沟"里的几个烽燧城障。

从石门沟经石门到达古城塔村，是穿越五当沟的一条便捷之道，虽然古道仅能通行人马、骆驼，但仍是阴山中部一条重要的翻山通道，民国时期被称为"驼道"。在对石门附近以及五当沟的详细调查中，发现了建于汉代的烽燧城障——"塞"，包括有：烽燧5座、障城3座、当路塞长城墙体2段、遗址1处。考察组认为这些古迹与石门开凿及石门障塞均有关系。考察组认为：位于"古城塔"小山村旁五当沟障城遗址，是石门障的可能性最大。它位于石门山东山下，地处五当沟大转弯处西侧的山前台地之上。这座障城南墙长20米，北墙长32米，东墙、西墙均长22米，障内东北角有一座高大的烽燧。

## 遗产的重要意义

张文平先生率领的考察组认为：

（1）这座古城作为汉代长城防御体系的重要组成部分，具有重要的军事地位和历史意义，是研究汉代军事城池和汉代边疆防御体系的重要实例。

（2）古城的修建与边疆地区的发展、民族政策的演变有密切的关系，完整地见证了汉代内蒙古地区的政治形势变化，胡汉和亲、

石门障

各民族经济文化友好往来的过程，对研究西汉时期政治经济文化和民族团结有着重要的价值。

（3）古城的选址充分利用了山前台地，城池邻水而较少受水的影响，城池依山又不受泥石流的摧残，充分体现了古人选址择地的能力。

稠阳阴山古道

（4）古城遗址历史悠久，其文化内涵丰富，是我国古代边疆防御体系的经典代表，具有传达历史，了解、欣赏人类历史的文化价值。

（5）随着社会的发展，古城遗址的科学保护和合理利用会对当地经济和旅游起到促进作用，同时有利于促进人们文物保护意识的提高，促进当地文物保护事业的发展。

（6）从石门沟经石门到达古城塔村穿越五当沟的古道，虽然仅能通行人马、骆驼，但仍是阴山中部一条重要的翻山通道，民国时期被称为"驼道"，对于研究草原丝绸之路和万里茶道的历史情况提供了一条重要线索。

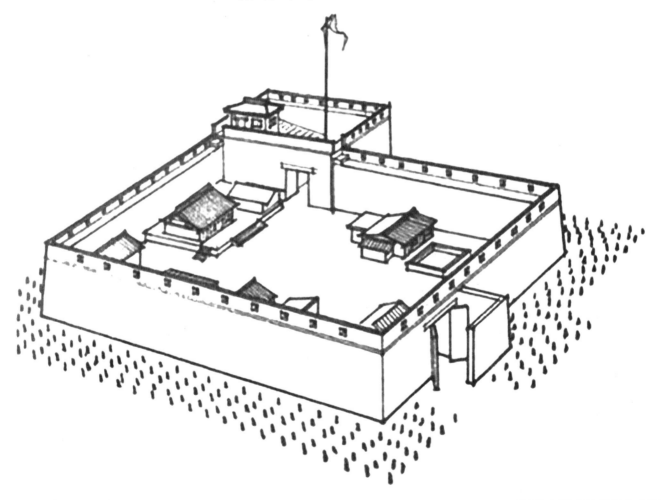

石门障古城遗址复原示意图

# 5. 居延遗址（含黑城遗址）建筑

汉代居延大遗址中所建的屯垦戍边遗存情况

## 遗产概况及历史沿革

全国重点文物保护单位居延遗址，位于内蒙古额济纳旗和甘肃金塔县境内的额济纳河流域，这里的地理坐标为：东经 97° 10′ ~ 103° 7′，北纬 39° 52′ ~ 42° 47′，平均海拔高度约 1000 米。

居延遗址指的是包括汉代张掖郡居延、肩水两都尉所辖边塞上的烽燧和塞墙等遗址在内的遗址群。边塞遗迹自东北斜向西南，全长约 350 公里，始建于汉武帝太初三年（公元前 102 年），废弃于东汉末年。"居延"是匈奴语"天池"的译音。"流沙泽"汉称"居延泽"，唐称"居延海"。唐著名诗人王维任监察御史时，于开元二十五年（737 年）奉使途经居延，写下名诗《使至塞上》："单车欲问边，属国过居延。征蓬出汉塞，归雁入胡天。大漠孤烟直，长河落日圆。肖关逢候骑，都护在燕然。"诗中"长河"即居延海。

汉代居延为匈奴南下河西走廊必经之地，汉武帝时为加强防务，也为防止匈奴和羌人联系，令路博德在此修长城，名"遮虏障"，汉名将骑都尉李陵兵败降匈奴，即在居延西北"百八十里"处（《史记·匈奴列传》正义引《括地志》）。

汉武帝时，在居延设都尉，归张掖郡太守管辖，不仅筑城设防，还移民屯田、兴修水利、耕作备战，戍卒和移民共同屯垦戍边，居延即为中心地区，居延长城周边兵民活动在汉代持续 200 多年，形成大量居延汉简。居延古代泛称居延泽，汉代属张掖郡。西汉太初三年（公元前 102 年），汉武帝令"强弩都尉"路博德沿河筑塞墙、城、障、烽台及坞壁、房舍。沿线现存有著名的居延城、破城子、大方城、小方城、肩水金关、双城子及烽台等建筑遗迹 200 余处。

汉代居延木简

居延遗址汉代大方城

居延汉简中的居延两个大字，字体古朴苍劲有力，体现了汉朝的精神文化

此外，黑城遗址位于内蒙古阿拉善盟额济纳旗达来呼布镇南偏东约22公里（东经101°147′；北纬41°764′）处，蒙古语为哈日浩特，意即"黑城"。2001年，黑城遗址作为西夏、蒙元时期重要的古城遗址，归入居延大遗址范围中。

**遗产的重大意义**

1. 居延遗址作为我国草原丝绸之路上的特大型古代遗址，具有极为重要的意义与价值。黑城遗址作为西夏、蒙元时期在丝绸之路上的重要古城遗址，意义相当重大。目前，居延及黑城遗址正在积极开展申报世界文化遗产的准备工作。

2. 汉武帝时，国家在居延移民屯田、兴修水利、耕作备战，戍卒和移民共同屯垦戍边，居延长城周边兵民活动在汉代持续200多年，遗留有大量居延汉简，这是研究汉代边疆经济、文化、军事、政治的珍贵实物，也是宝贵的书法遗产。

3. 黑城遗址是草原丝绸之路上现存最整、规模最宏大的一座古城遗址。古塔、古墓、古城、房屋等建筑遗址，由于周边地区气候干旱所以古城建筑保存较为完好，对于研究西夏、蒙元时期草原丝绸之路古城古建筑具有重大意义。

汉代居延为匈奴南下河西走廊必经之地，居延旧简中其最早的纪年简为武帝太初三年

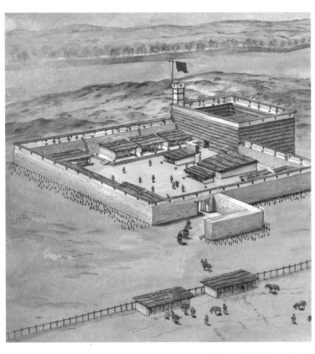

居延城烽燧示意图

居延遗址黑城航拍全景

（公元前 102 年）最晚者为东汉建武六年（公元 30 年）。综览居延汉简，内容涉及面很广，现略分为政治、经济、军事和科学文化。

建在黑城角落上的佛塔

黑城遗址伊斯兰风格的建筑

### 遗产建筑价值

1. 在军事方面：居延保留了汉代西北边塞长城烽、燧、亭、障的建筑遗存，是我国最重要、保存最完整的古代军事建筑遗址。根据居延汉简的记载，汉代的居延地区，为了军事防御设有两都尉，即居延都尉和肩水都尉。都尉府直接的下属军事机构称侯官，侯官的下一级军事机构是部，部的下一级即燧，燧有燧长，管辖戍卒，少则三、四人，多则三十余人不等，这是最基层的防御组织，与今日的哨卡职近似。1923年曾在此发现一枚汉简，定名为"甲渠第四燧遗址"。汉长城侯官之间每隔约5公里建立一亭燧，用以夜间报警。每一燧下有若干烽火台，每燧有戍卒三五人。有一人经常瞭望，其余则积薪、炊事等。"丝绸之路"从长安开始，共2万余里，仅汉朝境内就有1万多里，在河西走廊则依仗烽燧保护商旅，它对"丝绸之路"作用重大。通过居延汉简的记录，我们可以复原汉代的建筑。

2. 汉代继承秦朝，秦汉修长城资料，虽现存极少，但在居延文物中却有充分的记载。1974年在甲渠侯官遗址出土的17枚《塞上烽火品约》木简。"品约"是汉代的一种文书形式，用于同级衙署之间签订或互相往来的文书。《塞上烽火品约》是居延都尉下属的殄北、甲渠、卅井这三个要塞共同订立的联防公约，对于研究长城御敌详情，具有重要价值。

汉代居延遗址卅井侯官遗址

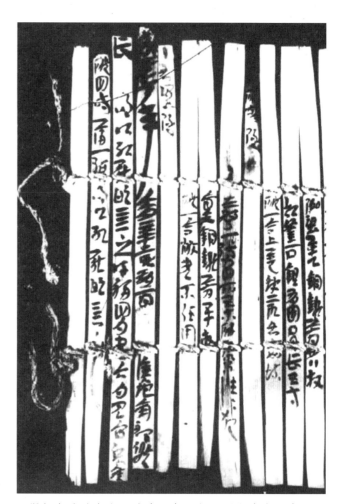

甲渠侯官遗址出土一建武三年《侯栗君所责寇恩事》册

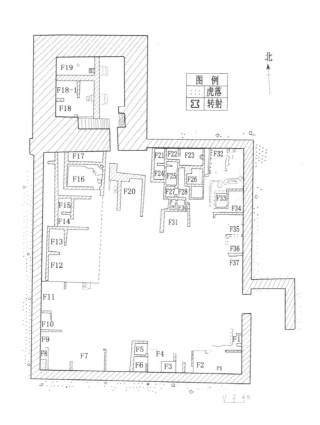

汉代甲渠侯官遗址平面图

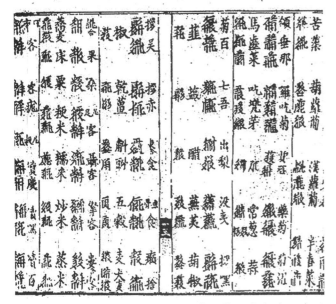

黑城遗址出土的西夏 - 汉文词典《蕃汉掌中珠》残页

西夏时期双头佛像

3. 黑城遗址是西夏、蒙元时期重要的古城遗址，对于研究当时的历史建筑具有重要价值。

# 6. 右北平郡遗址建筑

汉代右北平古城遗址

## 遗产概况及历史沿革

　　全国重点文物保护单位——汉代右北平郡古城遗址，位于内蒙古赤峰市宁城县甸子镇黑城古城，又称"黑城"。战国时期，右北平郡属于燕国辖地。治所在平刚，即今黑城古城。据史料记载，自夏商以来我国北方东胡、匈奴、乌桓、鲜卑、契丹民族先后在这块土地上繁衍生息。公元前三世纪左右，东胡族逐渐强大起来，打败了战国七雄之一的燕国，势力范围迅速扩展到赵国的边界。雄心勃勃的燕昭王为巩固疆土，在公元前300年派大将军秦开，率燕赵联军迫使东胡退回北方，并兴筑了西起造阳（今河北省赤城县独石口），东至襄平（今辽阳市北35公里）的燕北长城，并设置上谷、渔阳、辽西、辽东、右北平郡

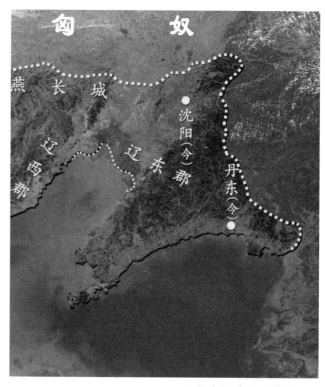

汉代东部边疆示意图

进行管理。右北平郡的治所平冈城即今天的黑城，它所管辖区域约为辽宁省朝阳地区，河北省承德地区与赤峰市区以南的广大地区。

## 遗产的建筑特点及重大意义

（1）汉代右北平之平冈城建筑，位于黄土梁子河与黑里河交汇处的冲积平原上，是古代通往燕山东北，以至去蒙古高原的重要通道关口，对于研究汉代关口建筑提供了重要的实物资料。

（2）秦汉时期的平冈城，为今黑城中的"外罗城"，呈横长方形，东西宽 1800 米，南北长 800 米，有南北两门，城墙残垣高 1.5 米。黑城在外罗城内，东西长 815 米，南北宽 486 米，建有城门、瓮城敌楼等，是内蒙古东部地区规模最大的汉代古城建筑，意义重大。

## 遗产的重大价值

（1）西汉前期，汉武帝几次对匈奴的大规模战役，都有兵马自右北平出击，可见当时右北平郡在军事上具有重要的价值。

（2）平冈城自战国时期始建，秦汉两代沿袭使用，至西汉末年废弃，大约延续使用了 400 余年。公元 1404 年，北平行都使司和大宁卫内迁，这座著名的古城才停止使用。因此，它是内蒙古东部地区使用时间最长的古城建筑。

汉代右北平之平冈古城遗址

## 遗产与李广将军的关系

李广是汉朝名将，善于骑射，膂力过人，弓马娴熟，曾任右北平郡太守。"林暗草惊风，将军夜引弓。平明寻白羽，没在石棱中。"

李广将军像

唐代诗人卢纶的《塞下曲》记述了李广射虎的故事。而故事的出处，来自司马迁的《史记·李将军列传》。

司马迁（约前 145～前 90 年），是和李广同时代的人，据《史记·李将军列传》："广居右北平，匈奴闻之，号曰'汉之飞将军'，避之数岁，不敢入右北平。广出猎，见草中石，以为虎而射之，中石没镞，视之石也。因复更射之，终不能复入石矣。广所居郡闻有虎，尝自射之。及居右北平射虎，虎腾伤广，广亦竟射杀之。"

# 7. 丰州故城遗址建筑

辽丰州故城遗址全景

## 遗产概况及历史沿革

内蒙古自治区重点文物保护单位——丰州故城遗址，位于呼和浩特市赛罕区太平庄乡白塔村西南。辽神册五年（920年），辽太祖耶律阿保机另筑新城安置，东迁于丰州城。辽丰州城辖富民、振武二县。辽朝西南面招讨司即置于丰州城。它与现呼和浩特境内的辽代东胜州遗址（托克托城大皇城）、云内州（托克托县白塔古城），形成西南面边境三足鼎立的军事防卫性威慑体系，史称"西三州"。丰州城成为与北宋、西夏（党项民族）抗衡的军事战略重镇。

辽代丰州城的城市建筑布局是仿照唐代中原地区的城市建造的。按照唐代城市的"城坊制度"，城内分别建造了许多整齐划一的城市坊区。当时的官衙府第、店肆民宅、各色作坊以及僧道寺观等都排列有序地分布在各坊之内。

丰州城早期的城市布局，完全体现了唐代城市的城区特点，城内街道整齐、布局合理，

以城内中心为准，分出东、西、南、北四条主干大街，通向四座城门。在四条大街的两侧，又延伸出若干条小街小巷。城区的街巷，横平竖直，构成了一个棋盘式的图形。金代承袭了辽代的城市布局。以后，城坊制解体，封闭式的坊区逐渐被开放式的街巷取代，城市布局出现了新的变化。

丰州古城遗址内现存有全国重点文物保护单位——万部华严经塔。城内文物遗存丰富，是呼和浩特建城史的实物见证，也是草原丝绸之路沿线重要的枢纽城市。

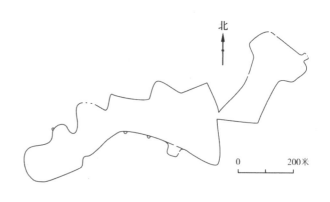

北宋丰州城平面图

## 遗产的建筑特点和价值

（1）丰州故城是辽金元时期，呼和浩特平原上规模最大、规划完整、建筑特色鲜明的重要古城建筑。

（2）故城的平面呈长方形，南北长1260米，东西宽1125米。东、南、西三面中部各开一门，筑有瓮城。现存有四段南墙，总长约35米，残宽约5～15米，残高约2～5米，夯层最厚处有30余层，夯层厚5～12厘米不等。丰州城是辽王朝在西南部兴建的一座军事重镇，金元两代相继沿用，元末明初因战火遭到废弃。

（3）据考证，辽代丰州城布局为四坊制，金代开始改变这一格局，到元代因手工业发展而繁荣。在古城的西北坊处耸立辽代万部华严经塔，为全国重点文物保护单位，高54米，是城中最高的古建筑。直到民国时期，白塔是呼和浩特地区的最高地标建筑。城中央还有一座突起的遗迹，与城门遥相对应，应当是古城的衙署建筑。

丰州古城唯一遗存建筑就是辽代万部华严经塔，2006年被国务院批准为国家一级文物保护单位。当初因存放大量华严经卷而建，因此得名。由于塔身外表涂有白垩土，全塔呈白色，因此俗称"白塔"。

（4）丰州故城遗址占地面积1.42平方公里，文化层主要以辽、金、元三代为主，通过对万部华严经塔周围勘探发现，古城的文化层深度达3.5米，辽代文化层上叠压金代、元代文化层，其中以元代文化遗存遗迹丰富。特别是在农田建设中发现的窖藏瓷器，有钧窑兽足香炉、龙泉窑花瓶等，被鉴定为国家一级文物。

中统元宝交钞正面、背面——在修缮万部华严经塔工程中发现了一张元初的纸币，是世界上现存时代最早的纸币

（5）故城的城垣、马面、城门及瓮城遗迹较为明显，东南角尚可看到"敌团"。由于农业耕作平整土地等原因，大部分城墙已不可见。现存有四段南墙，总长约35米，残宽约5～15米，残高约2～5米，夯层最厚处有30余层，夯层厚5～12厘米不等。北墙残宽约15米高，1～3米宽，与极少部分西墙。城址内散落大量辽金元时期各大名窑瓷器残片和建筑构件等。

元末至正九年（1359）关先生率领的农民起义的红巾军在丰州城一带与元将孛罗帖木

位于丰州故城内的辽代白塔

儿激战，战争给人民带来的负担与苦难，造成城内外各族居民、周边部落躲避战乱而迁徙他地，人口急剧减少，人去城空，丰州古城逐步变为废墟。

**遗产的重大意义**

（1）丰州故城自辽太祖神册五年（920年）东迁建城起，经辽、金、元三代，到元末明初废弃，经历了400多年的历史，是呼和浩特平原上规模最大、规划完整、建筑特色鲜明的重要古城建筑。丰州古城也是草原丝绸之路沿线重要的枢纽城市。

（2）丰州故城对于研究呼和浩特历史文化名城的建设发展历史，提供了极为重要的实物资料，具有重大的意义。

丰州故城出土的大香炉

辽丰州故城城址南墙剖面

内蒙古历史建筑丛书

草原文明建筑

# 8. 安答堡子古城建筑

安答堡子遗址城墙

## 遗产的概况及历史沿革

全国重点文物保护单位——安答堡子古城，位于阴山北部包头市达尔罕茂明安联合旗额尔敦敖包苏木所在地东北 15 公里处，西南距达茂旗政府约 60 公里，北距金界壕 3 公里。

安答堡子《元史》作"按打堡子"。《蒙古秘史》译作"安答"，为契交之意，引申为结拜兄弟的意思。这里是成吉思汗的"安答"——汪古部首领阿剌兀思·剔吉·忽里长期居住的古城。

## 遗产的建筑特色

（1）安答堡子古城，是蒙古草原上建筑的早期城池，是多元文化结合的产物。古城处在四周环山的草原丘陵地形之中，周边尽为牧场。

（2）古城坐北朝南，呈方形，东西 460 余米、南北 465 米，方向 40 度。古城东、北、

南三面有城门址，城四角凸出，上建有角楼，城内建筑、街道较为清晰。

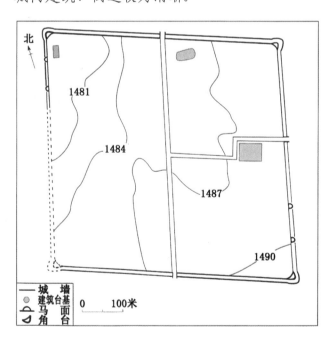

安达堡子古城平面图

（3）古城内最重要的建筑是一条南北大街，由南门直接向北而去，城内建筑也分布于南北中轴线上。建筑遗址中出土许多珍贵

安达堡子古墓壁画建筑人居图

文物，证实了古城主人具有很高的地位。

（4）安答堡子城址为研究和探讨古代汪古部的城市规划、建筑、社会形态、文化面貌中都具有十分重要的学术价值。

（5）古城的东北和西北分布着金、元代的墓葬区，已发掘清理的墓葬证实其时代与古城相当。古城西北的一段金界壕为双壕双墙式，是防守最为严密之处。

（6）经相关专家考证，这座古城是汪古部为金朝守卫界壕的旧城，也是成吉思汗与汪古部首领阿剌兀思·剔吉·忽里约定为世婚世友之后的安达堡子。古城对于研究蒙古黄金家族与汪古部贵族的关系，具有重要的研究价值和保护意义。

安达堡子古城外墓葬出土石刻墓碑

# 9. 巴彦乌拉古城建筑

巴彦乌拉古城城址远景

### 遗产的概况及历史沿革

全国重点文物保护单位——巴彦乌拉古城，位于呼伦贝尔市鄂温克族自治旗巴彦乌拉嘎查草原上。古城由成吉思汗的幼弟斡赤斤所建，为正方形，边长为400米，古城内有多处宫殿和院落遗址，砖瓦遍地。

据《史集》记载，皇太弟斡赤斤喜欢修筑城邑、兴建宫殿。"他到处兴建宫殿、城郊官院和花园"。内蒙古考古学家根据历史文献和考古调查资料，确定巴彦乌拉古城是斡赤斤兴建的一座草原城市。

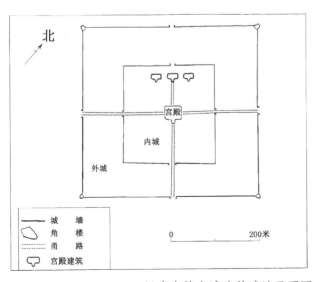

巴彦乌拉古城建筑城址平面图

### 遗产的历史与重大价值

（1）斡赤斤是成吉思汗的幼弟，是蒙古黄金家族中少数喜爱建筑的皇室成员。从古城发现的建筑砖瓦来看，这里有大量的黄、绿釉的琉璃瓦，还有龙纹瓦等建筑用材，证明了这座古城是蒙古黄金家族的豪华建筑遗产。

斡赤斤在草原上参见成吉思汗

（2）通过研究确定，古城也是斡赤斤的政治、文化、经济中心，按照蒙古族幼子守灶的习俗，斡赤斤应当与母亲月伦太后居住在一起，这是黄金家族的及其重要的城邑。

（3）当地古城周边草原广阔，这些建筑材料和宫殿的兴建，反映了蒙古黄金家族与中原内地的交流，是牧农互通的典型代表。

# 10. 敖伦苏木古城遗址建筑

敖伦苏木古城西城墙建筑

## 遗产的概况及历史沿革

全国重点文物保护单位——敖伦苏木城遗址，位于内蒙古包头市达茂旗百灵庙镇乌兰察布嘎查敖伦苏木西北6公里处，敖伦苏木古城俗称赵王城。20世纪30年代以来，中外考古学界多次前来考察。1927年，中国著名考古学家黄文弼先生在古城址内发现了"王傅德风堂记"碑；1974年，内蒙古文物考古研究所盖山林先生曾在此进行试掘；1990年代，包头文物部门在此发现蒙文碑，后来称"阿勒坦汗碑"。

## 遗产的建筑特色

（1）古城内建筑遗迹甚多，街道布局依稀可辨。总体概括为三横三纵的街道及内外两城相套。主要街道为两条相交的"十"字街，东西和南北分别贯通东西城门和南北城门。南北主干道东西各有一条南北向的街道，都贯通整个城址。东西街道南北侧也各有一

条贯通东西的街道。在东西三条街道之南，城址靠近河流一侧北部有一条东西向小街道，呈东北—西南走向。在城址南部正中，南北主干道之西，三条东西街道之南，筑一内城，现留存几个高大夯土建筑台基，最高的可达3～4米。这表明这座古城在元代草原地区拥有巨大的规模和众多建筑，具有十分重要的价值。

敖伦苏木古城城址东北角楼

（2）古城的建筑布局突出重点。例如：在主街道相交的"十"字街交汇处的北侧，有一组大型四合院式遗迹，院落正中有一座高约3米的大型台基，其上可辨认出原有的

柱础，散落的瓦砾中夹杂有许多黄色和绿色的琉璃瓦。还有几个修建在高大土台基上的建筑物，根据遗留在其上的文物，推断为重要的寺院遗址。

敖伦苏木古城寺庙遗址

（3）在城内东北角，保存有一高台建筑遗址，有些考古专家们认为这是罗马教堂遗址。日本考古专家江上波夫在 1990 年再次访问敖伦苏木古城时，在这处高大建筑附近拣到一块植物纹残砖，认为属于罗马式的花纹。还有人找到一个石雕的狮子头，高 15 厘米左右，专家认为这种狮子头是欧洲王室宝座两边扶手上用的装饰物，推断这座建筑就是罗马教堂。

## 遗产建筑的重大价值

（1）敖伦苏木古城规划完整、建筑宏伟、遗址众多，是蒙古高原上仅次于元上都的第二座大城，也是欧洲文明传入东方草原地区的第一大城市。同时，它也是沟通西北蒙古高原和内地之间的要冲。因此，古城具有重大的历史和考古价值。

（2）城址内最著名的发现是曾出土了著名的"王傅德风堂记"碑及珍贵的蒙古文碑"阿勒坦汗碑"。碑文主要讲述了阿勒坦汗生前的活动情况，教导蒙古人民要继续信奉喇嘛教及成吉思汗等先祖，时常祭祀神灵。

王傅德风堂碑座

敖伦苏木古城东北角处的罗马教堂建筑遗址

# 11. 查干浩特古城遗址建筑

查干浩特城址及阿巴嘎山全景

## 遗产概况及历史沿革

全国重点文物保护单位——查干浩特城址，位于内蒙古自治区赤峰市阿鲁科沁旗罕苏木，城址中心坐标东经 119° 46′ 14.40″；北纬 44° 30′ 13.81″。查干浩特城址由查干浩特城址（含外城和内城）、东查干浩特城址、阿巴嘎山祭祀遗址共三部分组成。

通过考古发掘证明：古城的建造时间上限应当早于元代。古城中不但存在辽代的遗物，而且有元代的文物。专家认为：阿鲁科尔沁旗白城（查干浩特）这一地区在蒙元时期，长期处于蒙古弘吉剌部部长按陈之弟册的封地范围之内，因此认为古城在蒙元时期应当属于蒙古弘吉剌部册的投下城邑。到了北元时期，查干浩特古城继续被沿用，由于地理位置优越且规模宏大，从而发展成为蒙古林丹汗的"都城"。

2006 年，查干浩特古城被国务院公布为第六批全国重点文物保护单位。

## 遗产建筑特点

### 1. 查干浩特城址外城

外城平面呈不规则方形，辟有南北两座城门。外城南城垣长 897 米、东城垣长 620 米、外城东、西、北三侧城垣均为就地取土夯筑或堆筑而成，南侧城垣东、西两侧局部则利用东、西"棋盘山"自然山体或石砌墙体，两山之间存土筑墙体并辟有南门。

### 2. 查干浩特城址内城

内城位于外城中部，呈边长 255 米的正方形。内城城垣为黏土夯筑，底宽 5.4 米、顶宽 2.8 米、高 4 米，夯层 6 ～ 12 厘米。

内城城垣四角、中轴道路东西两侧各存三座南北长 19 米、东西宽 17 米的较大型建筑基址，上述大型基址外均包砌正方形或长方形石材，基址上散落大量建筑残件。

### 3. 东查干浩特城

东查干浩特城位于查干浩特城址东偏北约 2 公里处，城址平面略呈长方形，南北长 330 米、东西宽 273 米。

城垣东、西、 南三侧均辟有城门，其中南门宽约 7 米；东、西两门宽约 5 米。

### 4. 阿巴嘎山祭祀遗址

（1）阿巴嘎山祭祀遗址位于查干浩特古城以北约 4 公里阿巴嘎山山谷之上，现存两处祭祀遗址。

（2）1 号遗址位于山谷西侧平台之上，平面呈东西长 35 米、南北宽 25 米，面积

内城高大角楼

775平方米的不规则方形，基址边缘存宽2米、高0.2～0.6米的石墙。祭祀基址主体损毁殆尽，地表散布大量琉璃瓦、瓦当、雕砖饰件等遗物。

（3）2号遗址位于山谷东侧、人工开凿的两级平台之上，东西长45米、南北宽50米，总面积2250平方米，平台边缘为石块砌筑。平台之上存一两开间建筑基址及门道等遗迹，地表散落遗物以砖瓦、瓦当残片为主。

（4）1号与2号遗址隔沟相望，原有跨沟桥梁，现沟两侧遗存邻近桥墩相距15米。

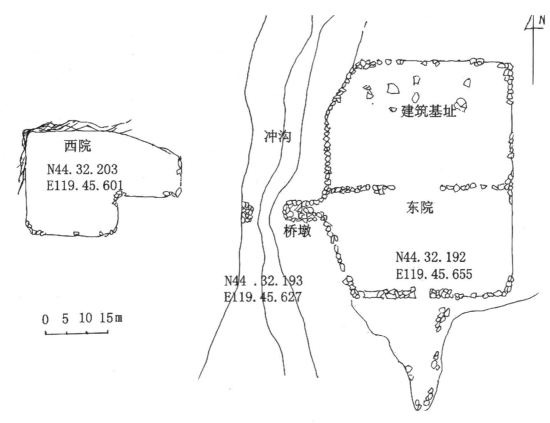

阿巴嘎山祭祀遗址平面图

祭祀遗址建筑残件

## 遗产建筑的历史和科学价值

（1）查干浩特古城作为北元政权最后一个都城，与元上都古城一脉相承，无论是在选址规划、城市布局还是在功能设计、建筑技术等方面，均体现出北方草原民族自然崇拜与中原农耕民族城市建设理念的有机地融合，堪称北元时期都城建设的典范。

（2）城址内高台建筑地表散落的大量黄、绿、蓝各色琉璃及雕龙、狮、虎等纹样的砖瓦等建筑构件，彰显中原汉族皇家建筑艺术风格，而部分带有明显的蒙古族符号的瓦当则体现出城址特有的艺术特质。

（3）除查干浩特城址外，还有具有政治中心附属功能的东查干浩特城和阿巴嘎山等祭祀建筑，这种由多组功能不一的建筑体联合构成的建筑群形态，在中原和北方草原地带均不多见，对研究古代草原城市发展与城市功能布局具有极为重要的作用。古城各类遗迹保存完整、遗物种类丰富，对于进一步丰富蒙古族历史建筑文化，具有重要的科学价值。

# 12. 定远营古城建筑

定远营古城

## 遗产概述及历史沿革

全国重点文物保护单位——定远营古城，位于内蒙古自治区阿拉善盟阿拉善左旗巴彦浩特镇王府街北侧的旧城区。海拔高度为1560米。定远营古城是今阿拉善盟盟行政公署所在地——巴彦浩特镇的旧称，"巴彦浩特"是蒙古语意为"富饶的城"。

据清代《岳氏定远营碑文》记载：定远营古城 "形势扼瀚海往来之捷径，控兰塞七十二处隘口"，军事战略地理位置甚为重要。腾格里沙漠与贺兰山高峰成为内蒙古与甘肃的天然屏障。定远营由城墙、阿拉善王府、延福寺和部分古民居组成。东临贺兰山，西靠腾格里沙漠边缘，始建于清康熙年间，原名定远营，素有"塞外小北京"之称。2006年，定远营古城被国务院公布为第六批全国重点文物保护单位。

## 遗产的建筑特色

（1）定远营古城城墙依山取势，东高西低。城垣大部分为夯土筑成，表以青砖砌成，周长三里三，置南门、东门两座，西北隅有城楼，

清代定远营刻石

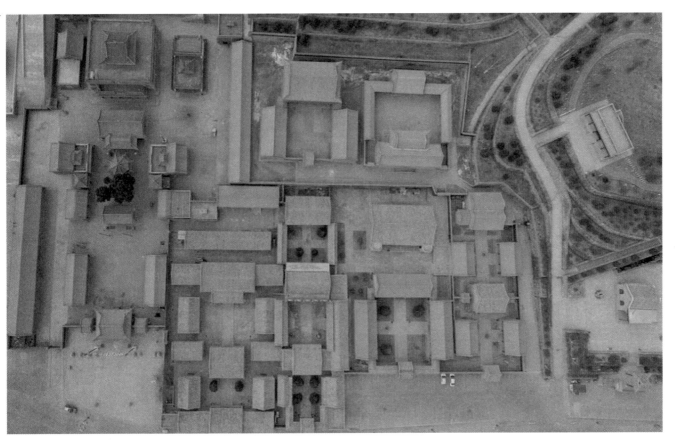

定远营古城整体布局航拍图

城墙现西、北、东段保存较好，城内街衢巷舍排列整齐。

（2）清朝时期，由于阿拉善王爷同时在北京建府，往来于北京和定远营之间，位于定远营古城内的王府建筑群严格依据《大清全典》典章制度建设，建筑群集中体现了严格的等级制度，成为阿拉善唯一的清代官式建筑代表，是研究清代蒙古王府的重要依据。

（3）位于定远营古城内的延福寺，具有突出的藏式建筑艺术特征。

（4）定远营古城内的传统民居特色建筑，融合了多民族建筑风格，规划布局具有井坊制的特点，纵为街、横为巷，院落依次排列，其特征表现出宁夏式传统民居与北京四合院民居相结合的特点。定远营古城的营建体现了民族特征和少数民族地区建筑技术的进步。

**遗产的主要建筑介绍**

**（1）阿拉善亲王府**　位于巴彦浩特镇王府街北侧，原定远营古城内东部，占地面积8000平方米，是定远营古城内建筑群的主体。其与西面延福寺（家庙）、古民居及周围古城墙建筑共同构成了定远营古城的有机整体。王府始建于雍正九年（1731年），为阿拉善和硕特蒙古部历代王爷处理行政事务与生活居住的地方。王府严格按《大清会典》郡王府第建筑等级规定营建，坐北朝南，纵深三进，分三路横向布列，采用中轴对称，中路为扎萨克办公之所，其等级在王府组群建筑中最高，东路为起居生活之所，西路为仓廪后勤执事所用。王府东侧为花园。

阿拉善王府大门

延福寺大经堂建筑

**（2）延福寺**　是阿拉善地区藏传佛教的发祥地和最早建成的寺庙建筑，藏名"格吉楞"，俗称衙门庙，位于巴彦浩特镇王府街北侧，原定远营古城内中部，阿拉善王府的西侧。雍正十一年（1733年），阿拉善和硕特蒙古部第二代郡王阿宝先期创建大经堂，乾隆四年（1739年）第三代郡王罗布桑道尔济予以扩建，建筑现为民国修葺后的风格。

延福寺坐北朝南，占地面积7623平方米。建筑采用中轴对称布局，主要建筑有大雄宝殿、山门、东西配殿、转经楼、钟鼓楼、如来佛殿、密宗殿、阿拉善神殿等大小殿堂十几座，加上其余房舍共计232间。如来佛殿有如来佛像三尊，罗汉像十八尊。其前身为三世小庙，始建于雍正九年，开始修建大雄宝殿，以后陆续完成周围的建筑，整体为汉、藏式结构。乾隆二十五年重修，御赐寺名"延福寺"，并赐用满、藏、蒙、汉四种文字书写的金字匾额。

延福寺彩色石狮

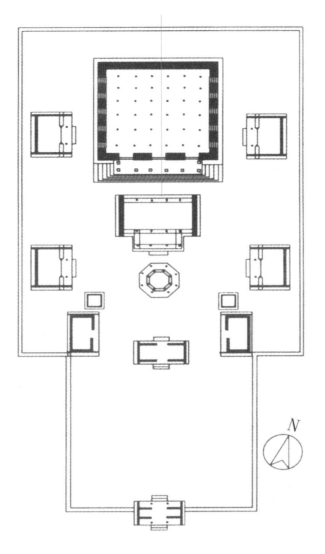

延福寺建筑总平面图

延福寺中轴线建筑分布

延福寺转经庭院

（3）定远营古城的民居建筑　位于原定远营城内西部，系古城的重要组成部分。自王府兴建始逐步扩展，形成了一片规模较大的民居建筑群落。主体部分布局以牌楼、城隍庙所在的城隍巷为轴线，分东西两部分，每部分又以东西为走向自南至北分为几道巷，巷内并排建有数户或数十户居民，为王族近支、王府官吏、上层喇嘛的居所（民国后开始有商贾入住）。院内以门楼、正房为中轴对称分布，分东西厢房。正房及厢房基本上为面阔三间，一明两暗。

延福寺乾隆御赐牌匾

定远营古城古民居照片

定远营民居旧照片一

定远营民居旧照片二

　　综上所述，定远营古城建筑群是阿拉善蒙古和硕特旗政治、经济、文化中心，是见证阿拉善和硕特蒙古部发展历史的最具代表性的遗存。在远营东城，至今还保留一截十米的古城墙。土墙的上方垒砌着古砖。定远营的营建是和硕特部从游牧走向定居的一个标志和起始点，是阿拉善左旗历史的缩影与见证。200多年来，定远营一直是阿拉善历史上的重要城市和经济、宗教、文化中心，是内蒙古西部最具传统特色、保存历史文化遗产最为集中、文物资源最为丰富的古城。

# 13. 应昌路故城遗址

应昌路故城遗址全景

## 遗产概述及历史沿革

全国重点文物保护单位——应昌路故城遗址，位于内蒙古赤峰市克什克腾旗达日罕乌拉苏木达里湖南岸，又名鲁王城。

据元史记载，特薛禅原住呼伦贝尔草原的额尔古纳，协从成吉思汗起兵，其女为成吉思汗的原配夫人，1214 年，成吉思汗在达里诺尔湖驻夏，将赛罕坝、达来诺日、热水塘以北，西拉沐沦河以南至围场北部分封给特薛禅的儿子们。1270 年，弘吉剌氏斡罗陈和他的妃子囊加真公主向朝廷请求在达里诺尔湖边建城以居，得忽必烈应允，建城设应昌府，后升为应昌路，1287 年 4 月，忽必烈率军 50 万征讨乃颜，驻跸应昌路。1295 年，特薛禅重孙蛮子台奉命讨伐叛军海都笃哇，一战告捷。元成宗晋封蛮子台为鲁王，统领山东济宁路，自此，人们称应昌路为鲁王城。

## 遗产的建筑特色

故城正式建于元朝二十二年（1271 年），是元代弘吉剌部所建的城郭，在元代，它与大宁路、全宁路同为塞北三大历史名城。

以应昌路城址为中心，城外西面为白塔寺遗址，东北为元代墓葬群，城外东边有城隍庙和十三敖包遗址，南侧有关郊遗址，城外东南的曼陀山下发现龙兴寺遗址和应昌县遗

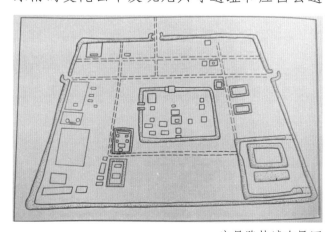

应昌路故城布局图

址等，形成总面积达 20 平方公里的遗址群。

鲁王城呈长方形，南北长 800 米，东西宽 650 米。城内设内城，呈方形，边长 230 米，初为鲁王府第，后为皇帝宫殿。城内中部靠北为宫殿基址，汉白玉石柱础保存完好，四面各有一门楼建筑，南部分布井字形街道，为市区，此外，城内还有社祭坛、儒学、孔庙、报恩寺等遗址，粗大的汉白玉石基清晰可辨，古迹文物比比皆是。历史上，鲁王城是南接元上都、六大都，北连锡林浩特、和林、乌兰巴托的枢纽，也是中国南货北上的聚集地及旅蒙客商的货栈，在当时鲁王城西山上建的白塔犹如路标，指示着驼队、商车的往来。

**建筑遗产的意义与价值**

公元 1368 年，元顺帝妥欢贴睦尔在明军的进逼下，撤出元大都——北京，北走应昌，在此城固守两年，1370 年病故于应昌。顺帝子爱猷识里达腊在应昌路继位，改元宣光，史称北元，应昌路从此成为北元皇都。明初改应昌卫，明成祖朱棣北征时曾四次驻跸应昌，后改清平镇，清初毁于火。因此应昌路这座故城给考古研究留下了非常值得探索的疑问。它作为元代的最后一座皇都，其所蕴藏着的文化故事以及城内发现的实物遗存对研究元代草原历史文化提供了重要的参考资料。因此，故城具有重要的考古与研究价值。

鲁王城西山上建的白塔残存的塔基

# 三、重要陵墓建筑

# 1. 成吉思汗陵

成吉思汗陵宫外景

## 遗产概述及历史沿革

　　全国重点文物保护单位——成吉思汗陵，位于内蒙古自治区鄂尔多斯市伊金霍洛旗伊金霍洛镇著名的甘德力敖包山上，这里地理坐标为：东经 108°58′ 至 110°25′，北纬 38°56′ 至 39°49′，海拔高度 530 米。

　　成吉思汗陵地势较高，四周较低。北临巴音昌呼格河，陵园周围植被茂盛，环境优美。现今的这座成吉思汗陵，是中华人民共和国成立以后修建的，体现了党的民族政策，每到祭祀成吉思汗陵的祭日，蒙古族牧民们不远千里而来，将纯洁的奶食、肥硕的羊背子摆放在成吉思汗灵柩前，虔诚地祈祷大汗保佑风调雨顺、五谷丰盛、六畜兴旺。达尔扈特人高颂着"圣主颂"古老的祭文，整个祭奠庄严肃穆、散发着古老的气息。中华人民共和国国务院于 1982 年 2 月公布成吉思汗陵为全国重点文物保护单位。达尔扈特人完整地保留了独特的成吉思汗祭祀和蒙古族古老的文化习俗。每年的农历三月二十一日、五月十五日、九月十二日和十月初三日，各族群众纷纷来到成吉思汗陵园，在达尔扈特人的引导下，进行各项祭祀活动。成吉思汗祭奠每年进行 30 多次，每次祭奠都有其特定的内容、程序和时间，一直延续至今。

成吉思汗陵穹窿顶和八角飞檐屋顶

成吉思汗陵牌匾－乌兰夫同志所题写

元太祖皇帝

即青吉思汗谭特穆津在位二十二年父曰伊苏

克伊是为烈祖皇帝起宋宁宗开禧二年丙寅金

章宗泰和六年终宋理宗宝庆二年丁亥金哀宗

正大四年

成吉思汗画像（台北故宫博物院藏品）

**遗产的历史背景与建筑特色**

成吉思汗，名铁木真（1162～1227年），大蒙古国可汗、元太祖，尊号"成吉思汗"。1162年（宋高宗绍兴三十二年，金世宗大定二年）出生在漠北草原斡难河上游地区（今蒙古国肯特省），名铁木真。1206年春建立大蒙古国，此后多次发动对外征服战争，征服地域西达中亚、东欧的黑海海滨。1227年在征伐西夏时去世，终年66岁。被誉为"一代天骄"、"世界历史上杰出的政治家、军事家"。

据《元史》《太祖纪》载："葬起辇谷"，叶子奇《草木子》云："元诸帝陵，皆在起辇谷"。近人考证认为"起辇谷"在不尔罕山（今蒙古国肯特山）接近斡难河源头（Onon River）的地方。成吉思汗去世后，其子孙后代每年都要举行祭祀活动，为了便于祭祀，蒙古人便在葬地以外另一处地建立祭祀成吉思汗的场地，并由专人守护。据明代《蒙古源流》记载："因不能请出金身，遂造长陵供养庇护，于彼处立白屋八间……"。元代，在太庙建

立"八室"以供奉祭祀成吉思汗等祖先的神主，这是"八白室"的来历。公元1265年，成吉思汗之孙元世祖忽必烈（1215～1294年）于至元二年（1265年）十月，追尊成吉思汗庙号为太祖，至元三年（1266年）十月，太庙建成，制尊庙号为太祖，谥号为法天启运圣武皇帝。

成吉思汗陵，史称"八白室"，即八顶白色蒙古包组成的供奉物，形成于元朝年间，自建立以后直到鄂尔多斯部进入河套前，一直在蒙古高原被世代祭祀，一切重要仪式都要在八白室前举行。明朝末年，后金政权兴起于东北。公元1635年，后金军队在皇太极率领下进入内蒙古西部，鄂尔多斯蒙古部归顺后金。1636年，皇太极改国号为清。顺治六年（1649年），清朝在蒙古部推行盟旗制度，把鄂尔多斯部分为六个旗，把会盟地定在伊克昭王爱召，因此就叫伊克昭盟，盟长鄂尔多斯济农先把八白室安放在会盟地王爱召，后来迁移到内蒙古伊克昭盟的伊金霍洛旗。

内蒙古历史建筑丛书

142

草原文明建筑

成吉思汗陵远景

1939年，抗日战争进入相持阶段，为了避开战乱，伊克昭盟沙王在国民政府代表陪同下，将成吉思汗陵向甘肃省兴隆山迁移。1939年6月21日，成吉思汗陵宫路过延安，各界人士万人迎接，中共中央、毛主席向成吉思汗陵宫献花圈。1939～1949年，成吉思汗陵宫在甘肃省兴隆山安放，1949年又迁移至青海省塔尔寺，直到1954年春季。

1953年12月15日，内蒙古自治区、绥远省人民政府联合举行行政会议，决定成立成吉思汗陵迁陵委员会，定于1954年农历三月二十一日前，将成吉思汗陵由青海塔尔寺迁回伊金霍洛旗即将新建起的成吉思汗陵园。

1954年3月15日，内蒙古自治区人民政府派出以克力更为团长的"迎成吉思汗灵柩代表团"一行29人前往青海省塔尔寺。中央人民政府高度重视特派专列运送，1954年4月1日，在代表团护送下，成吉思汗陵宫顺利回到了伊金霍洛旗，中央人民政府拨出专款重新修建具有民族传统特色的纪念性陵园。4月23日，内蒙古自治区政府主席乌兰夫率代表团前往伊金霍洛旗，参加祭祀成吉思汗大典和成吉思汗陵奠基仪式。

## 遗产建筑价值

雄伟的成吉思汗陵，在国内外享有盛誉。陵园总占地面积1.55平方公里，陵宫院占地56176平方米，陵宫院墙四周长840米。在通往陵宫步道的中段，建有四柱三孔牌楼，牌楼占地600平方米，东西长17米，高8.2米，牌楼上方正中挂着金色的"成吉思汗陵"牌匾，由中华人民共和国国家副主席乌兰夫，于1985年6月题写。在牌匾后，是白色大理石铺就的上山台阶，缓缓登上山腰，2019年春祭新落成的"伊金成吉思汗"铜像立于平台之上。

成吉思汗铜像（2019年春祭前建成）

再向上行可以见到雄伟的成吉思汗陵宫，屹立在内蒙古鄂尔多斯甘德力敖包山上。成吉思汗陵宫由三座相连接的蒙古包样式的宫殿组成。陵宫由正殿、后殿、东殿、西殿、东过厅、西过厅六部分组成。陵宫建筑面积1691平方米。正殿高24.18米，东西殿高18米。陵宫正殿里，雕有金色盘龙的八根柱子支撑着的古朴典雅的正殿，在正面中央有一尊高4.3米的成吉思汗汉白玉雕像，雕像背后是大蒙古国疆域图。

陵宫的后殿，也叫寝宫，安放着三座灵包，供奉着成吉思汗及几位皇后灵柩，是成吉思汗八白宫的组成部分，中间灵包安放着成吉思汗和孛儿帖皇后的灵柩，右边灵包供奉着忽兰皇后灵柩，左边灵包供奉着古日别勒津皇后灵柩。陵宫西殿供奉着成吉思汗八白宫组成部分吉劳（鞍辔）白宫、胡日萨德格（弓箭）白宫和宝日温都尔（圣奶桶）白宫。陵宫东殿安放着一座灵包，灵包内供奉着成吉思汗四子托雷和夫人额希哈屯灵柩。陵宫西过厅陈列着成吉思汗时期的部分珍贵文物和"成吉思汗丰功伟绩"壁画。陵宫东过厅陈列着成吉思汗陵上供的部分银制祭器和"成吉思汗子孙们的伟业"壁画。

陵宫内的汉白玉成吉思汗雕像

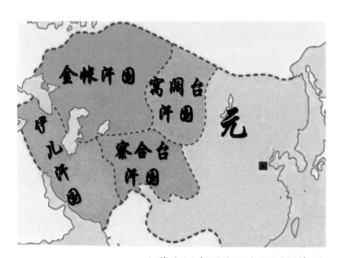

大蒙古国帝国的四大汗国疆域图

在成吉思汗陵宫大院内，陵宫右侧是成吉思汗战神——苏勒德祭坛，大门东西侧是碑亭，门厅内有成吉思汗陵史展览。陵宫大院正中，高高竖立的两根山叉铁矛（由战神苏勒德演变而来），中间印有凌空腾飞的骏马图案的五色小旗连接，这是吉祥、兴旺的象征——"黑

战神苏勒德祭坛

慕热"（天马旗）。

苏勒德祭坛，占地面积290平方米，高3.5米，1997年建成，是安放、祭祀成吉思汗哈日苏勒德的地方，以主苏勒德和四柄陪苏勒德组成，哈日苏勒德是成吉思汗的战神，曾跟随他南征北战打天下。

成吉思汗陵由达尔扈特人专司祭祀供奉之职。达尔扈特这个词来自"达尔汗"一词，达尔汗（达尔扈）意为"神圣"，达尔扈特，是"达尔汗"的复数，有"担负神圣使命者"之意。达尔扈特人是鄂尔多斯蒙古部的一部分，是世世代代一直守护、祭祀成吉思汗八白宫的人。达尔扈特人的祖先13世纪居住在肯特山一带的孛儿罕哈里敦的兀良合部的一

成吉思汗陵园内的蒙古文石碑

部分。成吉思汗去世后，兀良合人派出一千人，守护埋葬成吉思汗遗体的伊克霍日克，不让任何人接近。同时，这些人在成吉思汗大斡儿朵（官帐）守护，祭祀成吉思汗灵帐白官（白色官帐，又称为八白室）。公元1282年（至元十九年），元世祖忽必烈钦定成吉思汗四时大典，产生规范的祭文、祭词，守护、祭祀人有了详细的分工。这部分专职祭祀者，那时开始称之为达尔扈特。并在朝廷中，为了规范成吉思汗等太庙的祭祀，委任了具体管理，主持祭祀的太师、宰相，洪晋，彻尔彼为首的"八大亚门特"，并封了博斡儿出之子为"太师"，孙子为"丞相"称号，使他们世代为成吉思汗祭祀服务。

达尔扈特人完整地保留了独特的成吉思汗祭祀和蒙古族古老的文化习俗。每年的农历三月二十一日、五月十五日、九月十二日和十月初三日，各族群众纷纷来到成吉思汗陵园，在达尔扈特人的引导下进行各项祭祀活动。成吉思汗祭奠每年进行30多次，每次祭奠都有其特定的内容、程序和时间，一直延续至今。

成吉思汗祭祀仪式场景

成吉思汗陵园内的神骏白马

庄严神圣的成吉思汗陵祭祀典礼

# 2. 辽代祖陵及奉陵邑建筑

辽代城陵遗址航拍

## 遗产概况及历史沿革

全国重点文物保护单位辽代祖陵，位于内蒙古自治区赤峰市巴林左旗林东镇西25公里山谷内。地理坐标为东经 118°44′00″ ~ 119°48′02″，北纬 43°36′53″ ~ 48°48′22″，海拔高度为483米。在辽亡时，金兵焚毁了这个陵园，现陵门已被破坏，陵园门外，留有殿基和石碑等残迹，不见其他遗物。进入陵园回望，南面的罗其格山像屏风一样把山口封住，陵园设在深山谷中，同时四周山岭上凡是可以翻越走路的地方，都用很大的石块堵塞了。凡是可以建造建筑的地面，都有残砖、碎瓦和石础、石人、石刻等物。

近年来，国家自治区赤峰市文物考古部门在这里开展考古调查和发掘，并用航空遥感技术探明了陵墓和周边建筑遗址情况。

## 辽祖陵遗址

位于赤峰市巴林左旗查干哈达苏木石房子嘎查西北的山谷中，这是辽代第一个皇帝——辽太祖耶律阿保机（公元872 ~ 926年）的陵墓。耶律阿保机死于天显元年（公元926年7月，葬于次年8月）。辽太祖陵是在阿保机死后由一个汉族大臣主持修建的，选择在一处幽深的山谷中。关于辽太祖陵园的情况，据历史文献记载：太祖陵墓是凿山修为殿的，名叫明殿，在殿南岭修有祭祀用的膳堂，门叫黑龙门。在偏东处有圣踪殿，立碑叙述太祖外出打猎的情况，殿的东面有楼，又立碑记叙太祖如何创业建立辽国等事迹。此外，陵园里还有石羊、狻猊、麒麟等。明殿还设置明殿学士一人，专门掌握文书等事。当时要进陵园是很困难的，甚至是各部的大官，也得带上许多祭祀物品，才得进陵园的门。

陵园里的风景优美，花草丛生，林木茂密，不少珍贵的禽兽常出没栖息在草林间，山谷间泉水四季不歇，随着季节的变化，各有迷人的风景，可供人们尽情欣赏。太祖陵墓虽然被破坏，但地下仍埋藏有珍贵的遗物，近几年来在陵园内发现有契丹大字残碑，精致的玉刻人物等，说明地下文物很丰富，这些文物的艺术水平以及科学研究价值都是很高的。

**遗产的建筑特色和重要价值**

（1）再现了宋代建筑学著作《营造法式》所载"五瓣蝉翅慢道"的建筑构造，为研究和复原宋、辽古建筑提供了重要的实物资料。2011～2012年，辽祖陵考古队发掘了辽代祖陵陵园黑龙门址和1号建筑基址。1号门址是《辽史·地理志》所载之黑龙门。

辽祖陵出土宫殿建筑石柱础构件

辽祖陵山门东侧龟趺

辽祖陵陵门黑龙门建筑遗址考古发掘全景

辽祖陵黑龙门

辽祖陵陵门黑龙门建筑遗址慢坡《营造法式》所载"五瓣蝉翅慢道"的建筑构造的形式

（2）黑龙门门道南端的五面坡慢道独树一帜。这与《营造法式》所载"五瓣蝉翅慢道"相仿，是较为重要的考古发现。黑龙门址主体保存之完好，为国内所罕见。黑龙门由门道、墩台、陵墙、慢道、涵道等和高大的城楼建筑组成，较为完整。城门主体应为一门三道建筑，其两侧连有夯土陵墙，东陵墙内侧（北面）有慢道；门道、墩台和陵墙上均有高大的城楼建筑。黑龙门现存东、中两个门道，保存较好。门道均采用梁架木结构，东西两侧下铺有石慢，其上置木地慢，木地慢上有卯口，上插13或14根排叉柱。这种门道基础结构为中原汉唐宋诸朝考古所未见，独具特色门道基础建筑做法独具特色，开启了辽代特有的建筑规制，为研究辽代皇帝陵墓的建筑提供了重要的研究资料。

## 祖州城

祖州城是为辽太祖耶律阿保机祭祀陵寝的奉陵邑所在地。祖州城位于祖陵东侧石房子林场所在地。祖陵奉陵邑呈不规则的五边形，由内外两层城垣构成。内城分成三部分，中轴部分为主体祖庙。祖庙由三重递进式大型宫殿组成，主要有二明殿和二仪殿。二明殿里供有四尊塑像，他们是辽代四世先祖，有高祖昭烈皇帝、曾祖庄敬皇帝、祖考简献皇帝及皇考宣简皇帝。他们个个衣着华丽，端庄威严。因为这里是四位皇帝的出生地，故此地名曰祖州。二仪殿里，供奉着辽太祖耶律阿保机的塑像，塑像前面摆放着太祖生前用过的兵器、日用品和服饰等。

在祖州内城的西部区，有一座建在高台上的石屋，它就是著名的石房子。

整座房子全部由巨大的花岗石拼成，一共七块；房子只有一门向南，无窗；巨石高3.5米，宽4.8米，长6.7米，厚0.4米；石板之间用铁楔子相连接。

辽祖州石房子建筑，是内蒙古地区古代最巨大的石头房子建筑物，它是契丹皇族和大贵族特有的墓葬建筑，在内蒙古仅发现两处。下页的上图为辽祖陵石房子建筑和右图通辽市开鲁县七家子村发现的石房子墓均为此类石房子巨型建筑，对于研究和复原展现契丹—辽的皇家或大贵族的墓葬建筑，具有重要的价值。

辽代祖州城址航拍图

辽祖州城石房子及其墨线图

内蒙古考古人员在通辽市开鲁县东风镇七家子村发现的石房子性质的墓葬

# 3. 王昭君墓

位于呼和浩特大黑河畔的王昭君墓

## 遗产概况及历史沿革

全国重点文物保护单位王昭君墓，坐落于内蒙古呼和浩特市南郊九公里大黑河南岸，始建于公元前的西汉晚期，由人工积土夯筑而成，墓体状如覆斗，高约 33 米，底面积约 13000 平方米，距今已有 2000 余年的悠久历史，是中国较大的汉墓。王昭君墓，又称"青冢"，蒙古语为"特木尔乌尔虎"，意为"铁垒"，是史籍记载和民间传说中汉明妃王昭君的墓地。

"青冢"的来历为："北地草皆白，唯独昭君墓上草青如茵，故名青冢"。文献记载中亦称为"青冢"。除青冢外，大青山南麓还有十几个昭君墓。历史学家翦伯赞说，王昭君埋葬在哪里，这件事并不重要，重要的是为什么会出现这么多昭君墓。显然，这些

昭君墓的出现，反映了内蒙古各族人民对王昭君这个人物有好感，他们都希望王昭君埋葬在自己的家乡。

位于鄂尔多斯达拉特旗黄河渡口边的昭君墓

中华人民共和国成立后，呼和浩特市人民政府对昭君墓进行了多次修缮。1964 年，内

蒙古自治区人民委员会把昭君墓列为自治区重点文物保护单位。在昭君墓园内，耸立着昭君与单于并肩骑马出塞的"和亲"铜像，由著名雕塑家潘鹤先生创作。还有一座汉白玉石碑，上面镌刻着国家副主席董必武在1963年参观昭君墓题写的《谒昭君墓》诗一首。诗云："昭君自有千秋在，胡汉和亲识见高。词客各抒胸臆懑，舞文弄墨总徒劳"。 董老的诗文意境高远，气魄宏伟，正确评价了"昭君出塞"的历史功绩，也表达了人民向往和平的愿望。

和亲铜像

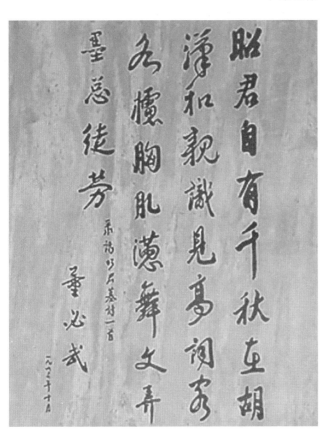

董必武副主席1963年《谒昭君墓》石刻碑文

## 重要历史价值和重大意义

昭君出塞后的几十年时间里，汉匈两家一直保持了友好和睦关系。昭君出塞，不但结束了匈奴多年的分裂和战乱，而且为中原王朝的大一统奠定了基础。此外，通过和亲加强了和亲双方的交流。昭君出塞使得汉匈两族团结和睦，"边城晏闭，牛马布野，三世无犬吠之警，黎庶忘干戈之役"的和平景象。王昭君的历史功绩，不仅仅是她主动出塞和亲，更主要的是她出塞之后，使汉朝与匈奴和好，加强了汉族与匈奴民族之间的民族团结，是符合汉族和匈奴族人民的利益的。她对胡汉两族人民和睦亲善与团结作出了巨大贡献，因此，她得到历史的好评。王昭君的功劳，不亚于汉朝名将霍去病。昭君墓成为中国历史上流传不衰的民族团结的佳话。

图王昭君汉白玉雕像

**王昭君**，即王嫱，字昭君，原为汉宫宫女。公元前54年，匈奴呼韩邪单于被他哥哥郅支单于打败，南迁至长城外的光禄塞下，同西汉结好，约定"汉与匈奴为一家，毋得相诈相攻"。并三次进长安入朝，向汉元帝请求和亲。

王昭君是汉元帝时以"良家子"的身份入选掖庭的。当时，匈奴呼韩邪单于来朝，汉元帝敕以五女赐之。王昭君入宫数年，不得见御，积悲怨，乃请掖庭令求行。呼韩邪临辞大会，帝召五女以示之。昭君"丰容靓饰，光明汉宫，顾影徘徊，竦动左右。帝见大惊，意欲留之，而难于失信，遂与匈奴。"（《后汉书》卷八十九《南匈奴传》）除了历史记载之外，还有昭君与昭君墓的故事流传至今。

单于大帐

匈奴王城"龙庭"建筑，即王昭君和亲居住地

### 昭君博物院的主要建筑有：

1. 匈奴昭君文化博物馆，建筑面积 15000 米，是全面反映匈奴历史和昭君出塞的文物陈列馆。

2. 单于大帐，建筑面积 2600 米，为穹庐式建筑，展示了匈奴民族的草原文化特色，内部为演出厅，演出实景舞蹈《昭君出塞》。

3. 中国历代和亲文化馆，建筑面积 3000 平方米，介绍了在历史的长河中，我国各民族之间持续不断和亲，形成了源远流长的和亲文化。

4. 王昭君故里，建筑面积 1800 平方米，由昭君宅、昭君祠堂两部分组成，按原大的比例从王昭君家乡湖北秭归建筑复原，通过院内建筑及其 200 多件湖北秭归的民俗实物，展现了王昭君家乡的风土人情。

王昭君故里——具有江南建筑风格的昭君宅

# 4. 和林格尔东汉壁画墓

和林格尔东汉壁画墓外景

## 遗产概况及历史沿革

　　全国重点文物保护单位——和林格尔东汉壁画墓，位于内蒙古呼和浩特市和林格尔县新店子乡小板申村东北 500 米，地处浑河北岸的高地上，四周冈峦起伏。1971 年秋，在修造梯田时发现，1972 ～ 1973 年，内蒙古博物馆和内蒙古文物工作队对墓葬进行清理发掘和壁画临摹。在前室顶部的东北部，有早年盗洞。随葬品大部分被盗和被破坏，出土有铜镜、陶器、漆器、铁器等大多残破。墓内墙壁保留的壁画，数量多，价值高。

## 古墓的建筑价值

　　墓葬为内蒙古汉代规模最大的砖砌多室墓建筑，可以称为"古墓建筑博物馆"，对于研究汉代古墓建筑具有重要的价值。古墓建筑由墓道、墓门、甬道、前室、中室、后室和三个耳室组成，全墓长 19.85 米，平面呈十字形。墓道长 7.2 米，墓道和前室之间、

墓室之间有甬道相连，三层平列券顶。墓室平面为方形，用青灰色条砖砌筑，四壁自下而上错缝平铺和侧立横砌，10 ～ 12 层以上叠涩收顶，顶部以横砖平砌成穹庐顶，墓室高 3.6 ～ 4 米。前、中、后三室以方砖铺地，砖表面印着突起的菱形纹，中间有两行隶属"子孙繁昌，富乐未央"。耳室的地面铺素面条纹砖。

和林格尔东汉壁画墓内景

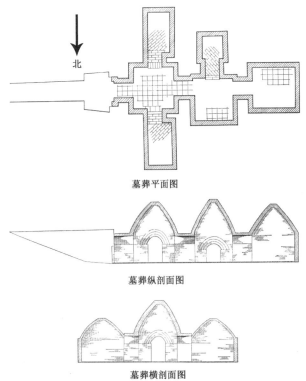

墓葬平面图

墓葬纵剖面图

墓葬横剖面图

和林格尔东汉壁画墓平、剖面图

和林格尔壁画 "骏马图"

## 壁画描绘的建筑价值

墓内的壁画共有 46 组，57 个画面，面积
约百余平方米，榜题近 250 条。特别是庄园
建筑、楼阁建筑、桥梁建筑等，对于研究汉
代建筑具有重要的价值，可以称为"古代建
筑壁画博物馆"。

壁画展示了东汉晚期中国北方草原地带的
风貌，描绘有草原上各种动物、牛马、车辆、
牧群等。和林格尔汉代壁画墓题材广泛多样，

和林格尔壁画（"庄园图"局部）

内容丰富翔实，绘画技术娴熟高超，是研究东汉时期政治、经济、文化、艺术等方面珍贵的实物资料。

全部壁画是一个相互联系的整体，着重表现死者一生的主要经历，围绕着主人主要的仕阶画面，还描绘了与之有关的出行、幕府、庄园生活、经史故事、人物故事、忠孝祥瑞等内容。前室和中室是死者的官场活动，着重描绘了死者从"举孝廉""郎""西河长史""行上郡属国都尉时""繁阳令"到"使持节护乌桓校尉"的仕途经历。中室还绘有经史故事、人物和祥瑞图等。后室是死者晚年家居生活及其地主庄园。三个耳室绘有种地、放牧和做杂役的奴仆。据专家研究，和林格尔东汉壁画墓具有十分重要的价值，再现了当时的生活场景和建筑艺术。

和林格尔壁画"建鼓图"

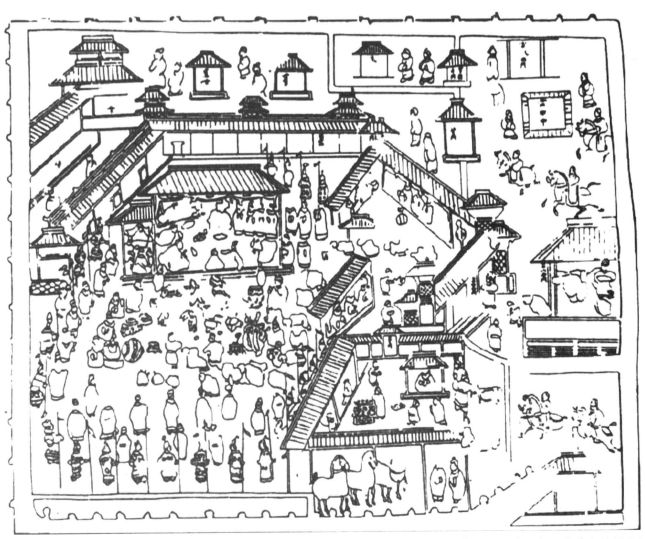

和林格尔壁画"宁城图"。内有望楼、城墙、角楼、殿宇、客厅、马厩等大量建筑。本图为摹本的墨线图

# 5. 鄂托克旗凤凰山汉墓壁画建筑

鄂尔多斯凤凰山汉代壁画（"望楼射弩图"局部）

## 遗产概况及历史沿革

  鄂托克旗凤凰山汉墓位于鄂尔多斯市鄂托克旗木凯淖尔镇巴音淖尔村凤凰山，为汉代墓室。由鄂尔多斯市文物考古人员在20世纪90年代发掘出土。墓室的壁画极为珍贵重要。

## 建筑艺术与壁画价值

  墓葬为鄂尔多斯地区汉代规模较大的古墓建筑。墓室长宽均约2.9米、高约1.36米。虽然空间不大，但墓室四周的壁画保存较好。部分壁画虽有破损，但壁画的内容清晰可见。其中，绘有角楼、庄园、车马、出行、狩猎等，对于我们了解的距今2000年前的汉代建筑，提供了极其宝贵的壁画实物。壁画还有饮酒行乐、观武射箭、杂耍等主题，内容丰富、色彩艳丽、造型生动、充分显示出汉代北方草原地区不同人物的姿态及个性，生活气息很浓厚。

凤凰山汉代壁画（"庄园车马图"局部）

凤凰山汉代壁画（"骑射图"局部）

# ． 扎赉诺尔古墓群

扎赉诺尔古墓群

## 遗产概况及历史沿革

全国重点文物保护单位——扎赉诺尔古墓群，位于满洲里市扎赉诺尔南约 5 公里，达兰鄂鲁木河（圈河）东岸二级台地上。扎赉诺尔古墓群被发现于 1959 年，后多次由各级文物部门进行过清理、发掘和钻探。

## 遗产历史价值

古墓群是东汉时期拓跋鲜卑南迁"大泽"后留下的重要遗存。墓群均为土坑竖穴墓，大多数有木质葬具。单人葬居多数，个别也有双人葬、母子合葬及小孩墓。死者皆为仰身直肢，头向北，或北偏西，个别也有北稍偏东的，殉牲大多为牛、马、羊头蹄，出土器物以陶器、骨器、桦皮器为主，铜铁等器较少见。骨器以骨镞、骨弓弭为主，桦皮器有弓囊、箭袋、桦皮器盖等，金属器以铜釜、飞马纹铜饰牌、三鹿纹金饰牌等最具特色。墓中还发现东汉时期的规矩镜、织锦等遗物。

这些文物建筑对于研究鲜卑民族的早期历史，以及鲜卑族与汉族的关系提供了重要的实物。

扎赉诺尔出土的飞马纹铜饰牌

鲜卑三鹿纹金饰牌

# 7. 元代张应瑞家族墓建筑

元代张应瑞家族墓地

## 遗产概况及历史沿革

全国重点文物保护单位——元代张应瑞家族墓地，位于赤峰市翁牛特旗梧桐花镇国公府村，葬有元代蓟国公张应瑞及两代先人和后人，又称元代蒙古弘吉剌部王傅张氏家族墓。墓地的两通碑前神道上，南北方向排列文官石雕两尊、武士石雕两尊、石虎两尊、石麒麟两尊、石羊四尊。石雕线条流畅，纹饰细腻，反映了元代高超的雕塑水平。墓地北侧的国公山及西山头，东坡地现有原墓地围墙基础遗迹。

墓地中现存的"张氏先茔碑"及"住童先德碑"和"蓟国夫人刚氏之墓碑"记载了从元世祖忽必烈直至顺帝托欢贴木儿时期，张应瑞家族为元朝及蒙古弘吉剌部（其驻地在内蒙古东部）尽忠之事，许多内容可补《元史》之阙。

## 遗产的建筑价值

墓地现存"张氏先茔碑"，正面阴刻楷书汉字39行3000余字，背面阴刻与汉文相同内容蒙文，为元代蒙汉文合璧碑中的珍品。另存文吏石雕2尊、武士及麒麟石雕各2尊、石虎3尊、石羊4尊。

碑文的丹书者即是元代著名的书法大家，西域人康里巙巙（字子山），这是他传世字数最多的正楷作品。同时，张氏先茔碑的背面为阴刻蒙古文字3000多字，为碑前汉文的译文，也是我国元代碑刻中蒙古文字数最多的，是蒙汉文字合璧碑中的珍品。

墓地为南北方向，地表现存"张氏先茔碑"一通，建置于元顺帝元统三年（1335年），此碑通高5.8米，宽1.37米，厚0.4米，此碑是螭首龟趺碑式，由碑座、碑身及碑首构成。碑座砂岩质地，造型古朴浑厚，碑身与碑首联体，为房山青白石质地。据碑侧刻字"大都西南房山区独树村石经山铭石"当出自今北京市房山区，石经山即辽金时期石刻藏经之处。龟趺座上面凿有凹槽，碑身镶嵌在上面。张应瑞墓碑碑首圆雕四条粗壮蟠龙，龙头低

张氏先茔碑

垂于碑首两侧，两只龙爪托住祥云之上的明珠，绞缠在一起苍劲有力的龙身，组成方形碑顶；龙身下方即碑首正面中心，备为题名的碑额处，正面额题篆书"大元敕赐故荣禄大夫辽阳等处行中书平章政事柱国追封蓟国公张氏先茔碑"。正面碑文阴刻汉文楷书39行，满行100字，字迹清楚，笔力苍劲。背面碑首为篆刻蒙古文字（八思巴文）内容与碑首正面文相同。碑身背面阴刻约3000字的畏吾儿蒙古文。实为难得的蒙古文和汉字楷书书法艺术佳作。

张应瑞是元世祖忽必烈时忠武王的陪臣，

其家族是源于河北清河县的汉族，他们来到草原，为蒙古弘吉剌部的发展效忠尽力，受到了蒙古政权的欢迎和重用，且最后其子孙后代又都融于蒙古民族之中。为纪念他们，由元顺帝下诏，集合全国文坛才俊为其树碑立传，因其有功受封中奉大夫加赠荣禄大夫，鲁王傅，追封蓟国公，碑立于元顺帝元统三年（1335 年）。这在我国古代民族关系史上是一件具有重要意义的事情。

张氏家族墓地的武将石雕像

## 遗产重要建筑价值

元代张应瑞家族墓是内蒙古地区规模最大、保存最好的元代汉族家臣的墓葬建筑，也是元代后期大臣墓葬礼制建筑罕见的实例标本。其建筑规模巨大、书法雕刻精美，使用的石材精良。对于研究元代草原地区的墓葬建筑、书法艺术、礼仪典章制度提供了宝贵的实物资料。特别是珍贵的"张氏先茔碑"高约 6 米，可称为"草原第一巨碑"。对于研究元代蒙汉民族关系的历史，以及蒙古史、蒙古文字等均具有重要的价值。

张氏家族墓地的武将石雕像

张氏家族墓地的文臣石雕像

内蒙古历史建筑丛书

草原文明建筑

# 和硕端静公主墓建筑

和硕端静公主墓墓碑

## 遗产概况及历史沿革

　　全国重点文物保护单位——和硕端静公主墓，位于内蒙古赤峰市喀喇沁旗十家满族乡十家村东北约2公里。和硕端静公主（1674～1710年），为清康熙帝第五女，康熙三十一年（1692年）受封为和硕端静公主。

同年，下嫁喀喇沁部蒙古杜棱郡王次子乌梁罕氏噶勒臧。公主于康熙四十九年（1710年）去世，时年37岁。康熙五十一年（1712年），和硕端静公主陵在喀喇沁旗东南部（今十家满族乡境内）建成。待到清康熙五十八年（1719年），派10户满族在此守护陵寝。

## 遗产建筑价值与特色

和硕端静公主墓是内蒙古保存最好的清代公主陵墓建筑，也是清代前期公主墓葬礼制建筑罕见的实例标本。其建筑规模可观、雕刻精美、使用优质石材。其中，龙纹、龙兽、敕建公主碑，体现了皇家气派与贵族威仪，细腻精湛的石雕工艺，反映了清代官式建筑的最高水准。现存遗迹遗物主要有：石雕牌坊1座，石雕墓表2座，敕建公主碑1通，墓穴1座，墓志1合，奉旨合葬碣1方，多尔记阿哥碣1方等。

石雕牌坊为四柱三孔的双层枋建筑。柱顶置圆雕须弥座蹲狮，上枋置圆雕须弥座火焰珠，珠侧置圆雕云板。正孔枋间嵌汉白玉匾额，减地阳刻楷书"克昌厥后"四字，边饰浮雕海水、礁石、云气、行龙、立龙、宝珠。柱枋交角处置雀替，浮雕卷草纹。旁柱外侧上段嵌石雕云板。柱、枋为花岗岩质，其余雕饰为土黄色泥灰岩质。

和硕端静公主墓牌坊建筑

和硕端静公主墓墓表承露盘云板细部雕刻

墓表分东西两座，东墓表由座、柱、承露盘、龙兽组成。座为花岗岩质，八方须弥式；柱为花岗岩质，八方体；云板为泥灰岩质，圆雕如意云；承露盘为泥灰岩质，圆形须弥式，浮雕仰覆莲、如意云、联珠等。龙兽为泥灰岩质，站姿，圆雕。西墓表同样由座、柱、承露盘、龙兽组成，各部分材质、形式均与东墓表相同，只有龙兽略高一些。

敕建碑由螭首、碑身、龟趺组成，泥灰岩

质。螭首，方圆形，如意云座，高浮雕盘龙捧珠，阴刻蒙满汉"敕建"二字，汉字为篆书体。碑身，阴刻蒙、满、汉文，汉文楷书体，首题为"和硕端静公主碑文"，全文计167字。

墓志为汉白玉质地，方形，盖身分体，规格相同。志盖，阴刻蒙满汉文"和硕端静公主圹志文"，汉文楷书体。志身，阴刻蒙满汉文，汉文楷书体，首题"喀喇沁噶尔臧所尚和硕端静公主圹志文"，全文计187字。

奉旨合葬碣为泥灰岩质，方形，阴刻满蒙汉文，汉文楷书体，首题 "奉旨合葬"，全文约计212字。和硕端静公主墓是内蒙古保存最好的清代公主陵墓建筑。

和硕端静公主墓墓表龙首兽

刻有蒙满汉文 "和硕端静公主圹志文" 的石志盖

# 四、道路、长城、洞穴、石窟寺、瓦窑、驿站建筑

# 秦直道遗址建筑

## 遗产概况及历史沿革

　　全国重点文物保护单位——秦直道遗址，位于内蒙古鄂尔多斯市东胜柴登镇城梁村，距苗齐圪尖古城约5公里。在鄂尔多斯高原南起伊金霍洛旗的掌岗图四队，北至达拉特旗高头窑乡吴四圪堵村东1公里。地理坐标为东经108°41′26″，北纬36°04′135″，海拔高度为1103米。

　　秦直道是我国历史上最早，也是我国境内保存下来的为数极少的古代交通要道建筑遗址。在鄂尔多斯市境内发现的直道遗迹是秦直道全程中保存最好的一段。这条道路建筑遗存，对于了解秦直道的建筑形制，历史沿革，测绘、建造方法以及以附属设施提供了珍贵史料，同时对于开展我国交通建筑史的研究，亦具有十分重要的作用。

　　据司马迁《史记·秦始皇本纪》记载：秦直道工程始于秦始皇三十五年，到三十七年

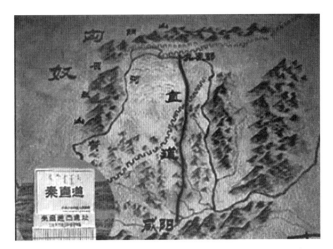

秦直道示意图

九月以前完工，时间跨度为公元前212年至公元前210年。秦直道南起秦都石阳（今陕西淳化县北），北抵九原郡（今内蒙古包头市西），遥遥1800余里，是秦始皇命蒙恬监修的一条重要军事要道。路面平均宽度约30米。秦直道的修建，主要是为了加强中央与北方草原地区的联系，加速驰援北方，有效地遏

制匈奴的侵扰，巩固对北方的统治。

秦朝灭亡后，秦直道依然是中原汉王朝控制北方地区的重要通道，西汉时期几次对匈奴大的军事行动，都是通过秦直道来完成，汉武帝几次对北方地区的重要巡幸，也是经由秦直道来进行的。

### 遗产价值

秦直道遗迹以及沿线的古城遗址，对于我们研究秦汉北方地区的历史，特别是与匈奴的战争史、交通史、通讯史和民族关系史等，具有非常重要的价值。

公元前 212 年至公元前 210 年，秦始皇统一了六国后，除以国都咸阳为中心，修筑了通向原六国首都的驰道外，还命大将蒙恬由距咸阳不远的陕西淳化县梁武帝村的云阳林

秦始皇画像

光宫（秦始皇的军事指挥中心），向北方沿陕西旬邑、黄陵、富县、甘泉、志丹、安塞、榆林进入今内蒙古地区继续北行，经今鄂尔多斯伊金霍洛旗西 11 公里的红海子乡掌岗兔村、东胜市西南 45 公里的漫赖乡海子湾以东

的二顷半村和达拉特旗西南 50 多公里的青达门乡到高窑头乡交界处，再越过黄河通向包头西的九原郡遗址（今包头市郊麻池古城），修起一条长 1800 里的直道。由于是"直道"，所以遇山开山，遇沟填沟。这样浩大的工程竟以两年半的时间便迅速全部竣工。

这条大道的筑成，在当时曾使秦始皇的骑兵三天三夜即可驰抵阴山之下。从时代先后看，秦直道比闻名西方的罗马大道要早 200多年，是世界上公认的第一条"高速公路"，享有世界公路鼻祖的美誉。

秦直道遗址所经过的伊金霍洛旗考古人员徒步考察秦直道遗址

秦直道在鄂尔多斯伊金霍洛旗的遗址

## 遗产建筑特色

经研究勘察，秦直道作为我国第一条"高速公路"建筑，在道路设计、施工、质量保障等方面已经具有很高的水平。内蒙古秦直道的修筑方法很有代表性。例如：（1）在绵延起伏、沟壑纵横的丘陵地貌中，道路逢山开凿，遇谷填平，由南到北大体呈直线北行。为减少道路的起伏高差，凡直道所途经的丘陵的脊部，绝大多数都进行了不同程度的开凿。直道上分布着由于开凿而形成的豁口，位于丘陵正脊部，也有位于坡脊部位的半豁口。（2）凡直道所经的丘陵间的鞍部，绝大多数都进行了不同程度的填垫，填充部分的路基底部最宽者约60米，顶部宽30～40米，垫土多就地取材。部分连续低凹地段，由于开凿丘脊所得土方无法满足路基填方的需求，便从附近的河床内运来砂石填垫路基。

（3）位于伊金霍洛旗掌岗兔村为草原地带，这里修的直道从断面上看，为夯筑土砂石层，道路十分坚固。上下共8层，1～7层每层厚25厘米。路基层层填垫的痕迹清晰可辨，虽未发现夯筑痕迹，但仍十分坚硬。因此，秦直道遗迹保存情况较好，为当代道路建筑施工的工程质量，提供了重要的参考。

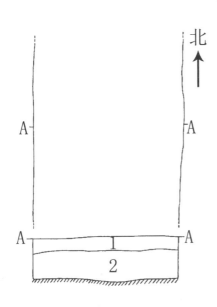

## 1. 夯土  2. 垫土

秦直道建筑构造的平、剖面图

秦直道遗址保护标志碑

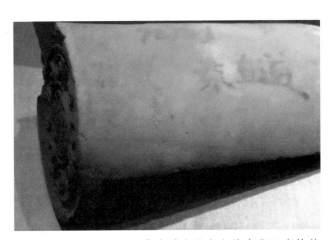

秦直道遗址出土的秦代瓦当构件

位于秦直道遗址保护范围数公里以外的鄂尔多斯市东胜区"秦直道影视城"外景

# 2. 阴山白道建筑

阴山白道

## 遗产概况及历史沿革

内蒙古自治区重点文物保护单位——阴山白道，位于呼和浩特北部，是草原丝绸之路上的重要交通要道，也是大青山中部地区连接武川的古道。自战国时期起，阴山白道便是大青山南北交通的主要通道。北魏郦道元《水经注》中有着关于白道的记载，北魏以后的历代王朝，都曾沿用这一条通道，这条山道有一段为凝灰岩构成的山梁，高出地面3～6米，宽20～30米，南北长380米，色灰白如石灰，这便是名为白道的原因。

宋人乐史《太平寰宇记》曾记述白道："白道川，当原阳镇北，至山上，当路千余步，地土白色如石灰，遥自百里即见之，即阴山路也"。

关于阴山白道在史书上有不少记载。北齐文宣帝高洋于555年（天保六年）亲自率兵追击茹茹（柔然），将其辎重留于白道，然后用轻骑追击茹茹，远至怀朔和沃野镇城，大胜而还。隋文帝于583年（开皇三年）派卫

王杨爽率领李元节等四将，北击突厥沙钵略可汗，相遇在白道上，大破之。唐代突厥于622年（武德五年）杀刘武周于白道。

明清时代的白道也是一条官道，交通来往更多。当时的朝廷大员出使俄、蒙，都是从京城出发，路经阴山白道，然后至俄、蒙。清康熙二十七年（1688年）五月，内大臣索额图等奉特旨，率八旗精兵1万余人出使俄罗斯。曾经通过都仑大坝（即阴山白道的大坝，今蜈蚣坝），屯驻昆都勒河（即今武川县附近）。

位于阴山的呼和浩特至武川县公路航拍

## 遗产的建筑与历史价值

（1）阴山白道是草原丝绸之路上的重要交通要道，历代均有保护修缮。例如：民国时期曾由著名将领吉鸿昌将军手书"化险为夷"四字，摩崖刻石纪念。一直到现代，呼和浩特到武川的公路也有一部分段落仍沿着古道通行，或在古道东面另辟了新道。

阴山地区发现的古波斯银币

阴山白道在民国初期维修后，由著名将领吉鸿昌将军手书"化险为夷"

（2）白道所经的大青山称为白道岭。金代开始将白道所经的山岭称为汪衮，意为神山。元代这条古道便成为岭北地区通往内地重要驿路木怜（马）道必经之地，"甸城道路碑"上记载了延有祐年间丰州官员如何重视维修，以保证这条驿路交通畅通。

（3）阴山白道古城址跨北南向河槽，分为东西两部。属于古道附近的重要驿站（或者税务部门）这里出土有残石刻佛像及波斯萨珊朝银币等。据《水经注》考证，古城为北魏的白道城。（详见《中国文物地图集》）

（4）阴山白道是游牧民族与农耕民族的分界线。近现代将汪衮（翁衮）讹为蜈蚣坝，仍然是大青山南北交通的要道。清代在蜈蚣坝下建有关帝庙一座，庙旁树立有许多石碑记载维修道路情形。唐代著名的大诗人白居易，有一首《阴山道》诗，描述了当时内地与回纥以锦绢易马匹的情景：

"阴山道，阴山道，纥逻敦肥水泉好。
每至戍人送马时，道旁十里无纤草。
草尽泉枯马病赢，飞龙但卯骨与皮。
五十匹缣易一马，缣去马来无了日。
养无所用土非易，每岁死伤十六七……"
由此可见阴山白道绢马交易的繁忙景况。

阴山白道—蜈蚣坝航拍

# 3. 内蒙古长城建筑

呼和浩特赵长城遗址

### 遗产的概况及历史沿革

　　长城是我国现存体量最大，分布最广的文化遗产，全国长城总长度 21196 公里，内蒙古长城是中国长城的重要组成部分，全长 7570 公里，为全国各省区第一位。

　　赵武灵王修筑了赵北长城。东起兴和县二十七号村，经察哈尔右翼前旗、卓资县、呼和浩特市、土默特左旗、土默特右旗、包头市，至乌拉特前旗大坝沟，沿阴山南麓东西向延伸。

　　燕昭王兴筑了燕北长城，东由辽宁省北票市进入，自东向西穿过敖汉旗，又出赤峰市进入辽宁省建平县，复入赤峰市元宝山区，从元宝山区进入喀喇沁旗，发现烽燧 40 座和障城 13 座。

　　秦始皇统一六国后，将秦、赵、燕三国长城连接起来，并加筑城堡、障、塞，号称"万里长城"。

　　西起乌拉特中旗石兰计山谷北面小山，向东沿狼山、查石太山至大青山北麓，经乌拉特前旗、固阳县，再自武川县南部穿越大青山至呼和浩特市大青山南麓赵北长城，东行利用灰腾梁西南部东西横亘的大山险阻防守，向东进入河北省境内，向东进入赤峰市和通辽市南部地区，西端发现于松山区夏家店村，东端止于奈曼旗新镇朝阳村。

　　秦汉长城是在战国时期秦、赵、燕三国北边长城遗址的基础上建立起来的。秦汉时代，战国的长城部分衔接，部分被利用，部分被废弃，并另修筑新的长城。

汉代初期仍然沿用秦长城，汉武帝时期在五原郡外兴筑了外长城，在居延海附近兴筑了张掖郡北面的外长城（通称居延塞或延边塞）。

由甘肃省金塔县进入，沿弱水（额济纳河）向东北延伸，与阴山以北的汉外长城南线相接。阿拉善盟还分布多列汉代烽燧，墙体较少，加上壕堑，总长 81633 米，亭障延绵 1000 余公里，包括座烽燧 465、居址 4 座、城障 27 座、天田 560 余公里。

位于内蒙古阴山的秦长城遗址

内蒙古固阳县秦长城两段墙体现状

阴山以北的汉外长城分为南北两道，分布在阴山北面的大草原上，北线东南起于武川县后石背图村山顶，向西北经达尔罕茂明安联合旗、乌拉特中旗，至乌拉特后旗西北伸入蒙古国境内。南线位于北线之南，东起武川县陶勒盖村北山顶，向北经固阳县、达尔罕茂明安联合旗、乌拉特中旗，至乌拉特后旗西北，再西行与居延塞相接。居延塞西南

巴彦淖尔乌拉特中旗德岭山水库的秦长城遗址

匈奴军阵射箭场景图

北魏时期在北部边境乌兰察布草原上修筑两道长城，称六镇长城，南北两线中部交汇，建筑遗迹分布在草原和山间，是北方游牧民族建筑的第一个长城。

内蒙古北魏长城遗址

内蒙古的隋代长城，分布在鄂尔多斯市鄂托克前旗西南部，东西与宁夏隋长城相连接。经东南的上海庙镇特布德嘎查四十堡小队，向西北宝日岱小队、十三里套小队延伸。堆筑土墙，呈鱼脊状突起或土垅状，泛白色或泛红色。

内蒙古隋代长城遗址及保护标志

北宋王朝为防御党项，在鄂尔多斯市准格尔旗丰州修筑了防御设施，主要由沙梁川和清水川两道河险，永安砦和保宁砦，烽燧23座等，共同拱卫丰州城。

内蒙古宋代长城烽燧建筑遗址

西夏长城主要分布在阿拉善盟，主要分布在北部地区，不见墙体。

内蒙古西夏城址建筑遗址

金王朝为防御蒙古等骑兵南下，在西北部修筑了金界壕，每次向南撤退后便重新掘壕筑堡，或经补筑，形成了岭北线、北线、南线三条主干线和北线西支、东支及南线西支三条支线。金界壕主要分布在内蒙古自治区，总长有4670余公里。

陈巴尔虎旗白音哈达金界壕墙体

明朝时期修筑了长城。内蒙古南部边缘现有明长城两道，北边的为大边，南侧为次边，分别属于大同镇、山西镇、延绥镇和宁夏镇管领。沿蒙晋边界向西经过陕西北部、宁夏北部、蒙宁边界延伸。东端起自兴和县店子镇南口村西北，西经丰镇市、凉城县、和林县，止于清水河县。调查总长706332.6米，以土墙为主，石墙其次，再次为山险墙，壕堑数量较少，最少的是山险。

位于黄河岸边的清水河县明长城墙体

内蒙古明长城圆形敌台建筑

## 遗产建筑特点

　　内蒙古长城是全区现存规模最大、体量巨大、结构最复杂的古代建筑遗产。其主要有以下四个特点：

　　一是长度最长。内蒙古长城墙壕调查总长度为7570公里，占全国长城墙壕总长度的近三分之一，位居全国第一。

　　二是分布面最广。其分布于全自治区12个盟市的77个旗县。

　　三是时代最多。内蒙古长城包括了战国（赵、燕、秦）、秦、西汉、东汉、北魏、隋、北宋、西夏、金代、明代等10个时期12个政权内构筑的长城。

　　四是体系复杂与健全。内蒙古长城有墙体、敌台、敌楼、壕堑、关隘、城堡以及烽火台等相关遗存，土筑、石筑、砖筑、山墙、山险、河险等建筑形式极其丰富，为"中国万里长城"这一伟大工程提供了宝贵的实物见证。

乌海市二道坎明代石砌烽火台建筑遗产，是全国重点文物保护单位，位于内蒙古乌海市海南区巴彦陶海镇黄河村。二道坎长城烽火台建筑，是我国唯一的规模最大的用石头砌筑的大型烽火台建筑，具有重大文物保护意义与研究价值

# 4. 明长城清水河段箭牌楼、徐氏楼建筑

徐氏楼敌台建筑外景

## 遗产概况与历史沿革

全国重点文物保护单位——明长城清水河段遗址，位于内蒙古呼和浩特市清水河县东部和南部，与山西省平鲁区、偏关县接壤。明长城从该东北入境，向西南经过清水河县五个乡：盆地青乡、芤菜庄乡、北堡乡、暖泉乡、单台子乡，在单台子乡老牛湾村与黄河相汇。该段长城属明长城九个防守区的大同镇、太原镇管辖。

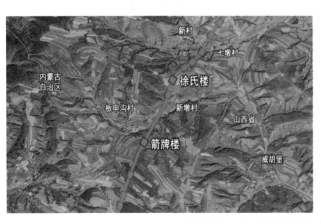

箭牌楼、徐氏楼位置图

箭牌楼敌台建筑外景

箭牌楼、徐氏楼为明长城清水河段的两座敌楼式建筑。箭牌楼位于韭菜庄乡板申沟村南 1 公里，徐氏楼位于韭菜庄乡新村西南 1 公里，两楼相距约 1.5 公里。清水河明长城始建于明洪武二十九年（1396 年），至万历二十九年（1601 年）止。现存主要建筑包括长城主体、火墩台、敌楼、烽火台、烽燧等。

在 150 公里的长城沿线上，共有敌台或敌楼 7000 座；"虎头墩" 5000 多处；堡城 6 座，此外长城沿线还有许多村落、戏台、寺庙、碑刻、碑记、采石场、砖窑、白灰窑等与长城相关的遗址遗存。

长城下的古戏台

## 遗产建筑特点

**箭牌楼：** 由黄土、红色条石、青砖三种材料构筑而成，较为坚固。平面呈正方形，剖面呈梯形，四面墙体坡度约为 85 度向内收缩。敌台现高约 17.6 米、底部边长约 15.8 米、顶部边长约 10.3 米。规模宏伟，城楼底部为红色条石，上为青砖垒砌，高约 14.2 米，青砖长 42 厘米、宽 20 厘米、厚 10 厘米。敌台四壁顶端各有四个射孔，呈长方形，现只有西壁的四个保存完好，射孔高约 1 米，外宽 0.9 内宽 0.5 米，孔内侧石块形制为 "八" 字形。敌台顶部射孔上有垛口墙，现仅存四个角的垛墙，高约 2、宽约 1 米。垛口墙与敌台中间有四层稍凸出敌台壁面的青砖，应为台檐，第一、四层为平铺的青砖，二、三层为青砖的一角凸出壁面，外观为并排的三角形青砖。敌台东侧为夯土台，高约 5 米。

**徐氏楼：** 由黄土、红色条石、青砖三种材料构筑而成，较为坚固。平面呈正方形，剖面呈梯形，四面墙体坡度约为 85 度向内收缩。敌台现高约 12 米、底部边长 15.1 米，顶部边长 12 米。敌台南、北两侧与长城墙体

连接处各有一个用砖券顶的拱形石门通道，是守卫官兵在楼内行动的通道，通过小拱门可使长城内外互相连接。在徐氏楼周围，还配有一大一小两个围院。

敌台东壁底部中间有一洞门，为红色条石垒砌，最底部有两扇石门，左门关闭，右门向里打开，紧贴通道内侧。此门为进出敌台的唯一通道，因年久失修，石门被顶部坍塌的夯土、青砖、石块等掩盖大半，石门高约 1.7 米、厚 0.13 米。洞门口呈拱形，宽 0.93 米，洞门两侧各砌有两块长方形条石与洞门口同高，宽 0.24 米，石门上面石板上用双钩法刻有 "洞门" 二字。敌台四壁顶端各有三个拱形箭窗。其对于研究明长城敌楼建筑防御和守卫情况很有价值。

明长城清水河段遗址，是内蒙古地区规模巨大保存完好的明代长城建筑遗址群。明长城清水河段箭牌楼、徐氏楼建筑，是其中规模巨大、保存较完好、内部结构复杂、外部配套建筑完备的重要代表。

# 5. 嘎仙洞遗址

嘎仙洞遗址外景

## 遗产概况及历史沿革

全国重点文物保护单位——嘎仙洞遗址，位于内蒙古呼伦贝尔市鄂伦春自治旗阿里河镇西北 10 公里，地当大兴安岭北段顶巅之东麓，属嫩江西岸支流甘河上源，海拔 495 米。

1980 年，呼伦贝尔盟文物工作者在洞内发现北魏太平真君四年（443 年）祝文刻辞。1988 年，被公布为全国（第三批）重点文物保护单位。嘎仙洞为一天然山洞，洞口在高出平地约 25 米的峭壁上。主洞长 92 米，宽 27～28 米，面积约 2000 平方米，最高处达 20 多米。西北有一向上的斜洞，坡度约 20 度，斜洞长 22 米，宽 9 米，高 6～7 米。主洞中部放置一块约 3 米见方的天然石板，下用大石块支撑。洞壁平整，青苔滋生，地下堆积较厚。

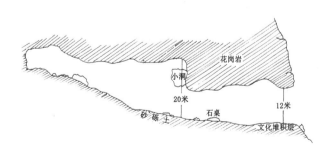

嘎仙洞石室剖面图

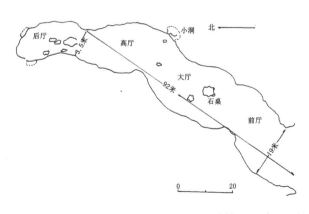

嘎仙洞石室平面图

## 遗产建筑特色

嘎仙洞为中国北魏拓跋鲜卑先祖所居石室，处在一道高达百余米的花岗岩峭壁上，离平地 25 米，洞内宽阔宏大，幽暗深邃，南北长 120 米，东西宽 27 米，穹顶最高处达 20 多米，依次可分为"前厅""大厅""高厅""后厅"四部分。初步研究估计，古人类（包括拓跋鲜卑先祖们）曾经长期在洞内居住生活，劳动生息。从这个意义上说，嘎仙洞是内蒙古东部森林草原先民穴居崖处的最早"建筑"。

嘎仙洞出土的鲜卑双马铜牌饰品

## 遗产的重大价值

嘎仙洞是我国古代北方民族拓跋鲜卑祖先居住的旧墟石室。其准确物证是洞内西北侧石壁上凿刻的北魏太平真君四年（公元 443 年），北魏第三代皇帝——太武帝拓跋焘派人来这里祭祀祖先时所刻的祝文。

这是 1500 多年前保留下来的"原始档案"。它证实了嘎仙洞即拓跋鲜卑旧墟石室，这对研究中国疆域史具有重大政治意义，也对研究鲜卑民族起源具有重要学术价值。1981 年，国家文物局将嘎仙洞北魏石刻祝文的发现列为我国重大考古成果。

祝文刻于距洞口 15 米的西侧石壁上，高度与视平线相齐，刻辞为竖行，高 70 厘米、宽 120 厘米，实际共有 19 行，其中有 12 个整行（每行 12 至 16 字不等），其余为半行，是抬头另行与题名。全文共计 201 字，石刻书法风格介于汉隶之后，早于魏碑之前，近

似汉隶八分书。祝文内容如下：

维太平真君四年癸未岁七月廿五日，
天子臣焘，使谒者仆射库六官、中书侍郎李敞、傅少兔，用骏足、一元大武、
柔毛之牲，敢昭告于
皇天之神：启辟之初，佑我皇祖，于彼土田。
历载亿年，肇来南迁。应受多福，
光宅中原。惟祖惟父，拓定四边。庆流
后胤，延及冲人，阐扬玄风，增构宗堂。
克翦凶丑，威暨四荒。幽人忘暇，稽首来王。
始闻旧墟，爰在彼方。悠悠之怀，希仰余光。
王业之兴，起自皇祖。绵绵瓜瓞，时惟多祜。
归以谢施，推以配天。子子孙孙，福禄永延。
荐于
皇皇帝天，
皇皇后土。以
皇祖先可寒配，
皇妣先可敦配。
尚飨！
东作帅使念凿

1980 年代以来，文物部门对嘎仙洞进行了保护和局部考古试掘，发现了具有早期鲜卑文化特点的陶器、骨器等文物。同时，对嘎仙洞内部进行了测量和深入研究，进一步认为嘎仙洞是拓跋鲜卑先民长期居住生活的"先祖石室"。

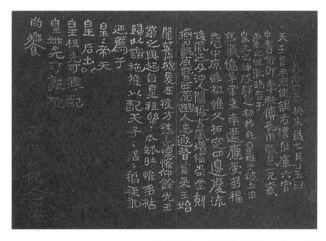

嘎仙洞拓跋鲜卑旧墟石室石刻

嘎仙洞遗址内景

鲜卑和乌桓原是东胡部落联盟中两个比较大的部落集团。自从匈奴冒顿单于"大破东胡土，而虏其民人及畜产"以后，剩下来的东胡人便分别聚集于鲜卑、乌桓两部。鲜卑族部落聚居于"大鲜卑山"的丛山密林中，以射猎为业。东汉初，他们趁匈奴人内部分裂的机会，在酋长第一推寅的率领下，走出大鲜卑山，"南迁大泽"，在今呼伦湖畔"畜牧迁徙"（今扎赉诺尔古墓群可以证明当时的历史）。历经七代以后，又继续南迁，经过"九难八阻"，终于到达今日内蒙古中西部地区。公元 258 年，拓跋鲜卑首领力微率部从五原东移盛乐（今呼和浩特市和林格尔县北），诸部都来归服。公元 4 世纪，拓跋珪迁都平城（今山西省大同市），继皇帝位，后人称为北魏道武帝。

嘎仙洞外景

北魏太武帝拓跋焘太平真君四年（公元443 年），尚处森林的小部落乌洛侯国遣使朝贡，由大兴安岭以东嫩江之畔来到代京大同，"称其国西北有国家先帝旧墟，石室南北九十步，东西四十步，高七十尺，室有神灵，民多祈请"（见《魏书·乌洛侯传》）。魏太武帝拓跋焘闻之甚喜，即派遣谒者仆射库六官，中书侍郎李敞等人跋山涉水来到先祖石室旧墟——嘎仙洞，于当年七月廿五日，以最高祭祀礼仪置马牛羊三牲为供，举行了祭天祭祖的盛大典礼，后刊刻祝文于洞内石壁之上并于洞外立桦木，在举行了隆重祭祖仪式。以上史实载于《魏书·礼志》。

嘎仙洞发掘出土的陶罐

嘎仙洞发掘出土的骨书

拓跋鲜卑祭祀祖先场景复原蜡像

# 6. "草原敦煌"——阿尔寨石窟建筑

阿尔寨石窟航拍图

## 遗产概况及历史沿革

　　全国重点文物保护单位——阿尔寨石窟，位于内蒙古鄂尔多斯市鄂托克旗苏亥图嘎查境内，阿尔寨石窟在西夏时期属于宥州辖区，当时有僧人在山区开窟修行。西夏时期，今内蒙古中西部的鄂尔多斯、阿拉善、巴彦淖尔、包头等地区，属于西夏管辖的地区。阿尔寨石窟洞窟编号1～56窟，以顺时针方向在平顶山开窟。石窟所在的时代为西夏、蒙古、元、明。石窟分上、中、下三层。在总计56座洞窟中，西夏时代的石窟有一半以上，还有一半石窟在蒙元时期和明代中期营建。许多石窟内绘有壁画，仅西夏、元代壁画就达600余平方米。

## 遗产的历史价值

　　（1）据石窟的形制，壁画的绘制风格、内容等综合分析，阿尔寨石窟寺始凿于西夏，以蒙元时期最盛，明末清初停止开凿及佛事活动。阿尔寨石窟的确认，纠正了学术界以往认定的中国北方石窟寺建筑终于元代的观点。

　　（2）石窟是内蒙古现存规模最大、历史最悠久石窟寺建筑群，对于研究西夏至蒙元石窟寺建筑和历史文化具有重大意义。

阿尔寨石窟建筑外景

（3）据研究考证，《蒙古秘史》记载了1226年秋至1227年冬天，成吉思汗曾在这一地区受伤、养伤、祈福、许愿、康复的过程。

在阿尔寨石窟第31窟，发现绘有大幅的祭祀图（长120厘米，宽50厘米）。壁画中的"家族图"绘有祭天、祭祀成吉思汗及其家族的场面。因成吉思汗携夫人遂征西夏时在此处养伤，并接受高僧祈祷祈福。所以，阿尔寨石窟长期是蒙古贵族接受高僧祈祷祈福、祭祀成吉思汗家族的圣地。

阿尔寨石窟第31窟壁画——祭祀成吉思汗家族图

阿尔寨石窟内的回鹘蒙古文墨书题记

（4）在阿尔寨石窟，还保存有回鹘蒙文和藏文墨书榜题，其内容涉及佛经及世俗生活，大体可划分为迎请诗、祈祷诗、赞颂诗三大类，包括三十五种佛、二十一救度母佛、十六罗汉、四天王、达摩居士五个门类，是目前发现回鹘蒙古文榜题最多的一处遗址，对于研究古代蒙古文字的历史意义重大。

## 遗产的建筑价值

（1）阿尔寨石窟以中、小型石窟为主，形制主要为中心柱式窟，平面有方形、长方形、单间石窟等几种。此类建筑在内蒙古极其罕见。

（2）石窟多为正墙或三面墙。开凿半椭圆形佛龛，墙底部设台阶为坛，与甘肃马蹄寺石窟中的西夏窟正墙凿三龛，龛前设坛的情况相似。石窟均直壁、平顶，拱形或方形门。有的窟壁凿有壁龛及须弥座，有的顶部凿出网状方格，还有的顶部中心凿出莲花或叠涩藻井。

阿尔寨石窟元代佛塔浮雕建筑

阿尔寨石窟顶部八瓣莲花浮雕建筑装饰

# 7. "草原瓷都"——缸瓦窑遗址建筑

缸瓦窑遗址航拍图

### 遗产概况及历史沿革

全国重点文物保护单位——缸瓦窑遗址，位于内蒙古赤峰市松山区猴头沟乡缸瓦窑村。这里是辽、金、元时期草原地区规模最大的一处瓷器烧制场所。

1943～1944 年，日本学者进行了调查和发掘。新中国建立后，内蒙古文物部门多次调查。1995 年、1997 年、1998 年，内蒙古文物考古研究所进行了三次发掘，发掘面积 500 余平方米。

### 遗产的特色和价值

（1）共发现烧造瓷器的窑炉建筑 12 座，房址 13 座、灰坑 81 座，分布面积很广，建筑规模宏大，表明了当时的经营规模。

缸瓦窑遗址周边村落环境情况

缸瓦窑遗址发掘清理出的椭圆形炉窑

内蒙古历史建筑丛书

草原文明建筑

缸瓦窑遗址发掘清理出的瓷器

出土的黑釉罐

缸瓦窑遗址出土的海棠盘与陶童子范

（2）发现古代瓷器、陶器、窑具、制瓷工具等，时代属于辽、金、元时期。

（3）窑址建筑分布在半支箭河两岸，这里的山上有优质瓷土和煤矿资源，半支箭河为生产生活提供了充沛的水源。

## 遗产价值及特点

（1）瓷窑炉建筑成排分布，数层叠压，延续使用。分为马蹄形和龙窑两种，马蹄形数量多，龙窑仅发现1座。马蹄形窑规模较小，用耐火砖砌成，东北向，窑门为八字形，窑床为长方形，主要烧制白瓷。

（2）龙窑是外侧用石块，内侧用耐火砖砌成，南高北低，窑门呈八字形，主要烧制

缸瓦窑遗址发掘清理出的窑址

大型粗缸胎器物。瓷器装烧方式有匣钵装烧和裸烧两种，碗、盘类大口圆器从小到大以泥钵、砂粒、支钉等间隔叠烧和覆烧。

（3）产品以白釉为主，辽代烧造少量三彩釉陶，金代流行白釉黑花瓷器。主要器形有碗、盘、碟、盏和鸡腿瓶、罐等。另外还发现有烧陶器和砖的窑址。

缸瓦窑是辽、金、元时期草原地区规模最大的一处瓷器烧制场所，被称为"草原瓷都"。对于研究北方草原地区的陶瓷生产历史具有重大价值。

缸瓦窑遗址出土的白釉褐花罐

伊林驿站遗址

**遗产概况及历史沿革**

内蒙古自治区重点文物保护单位——伊林驿站遗址，位于内蒙古二连浩特市区东北9公里处的二连盐池西北岸，是内蒙古地区唯一现存的古代驿站建筑遗存，也是草原丝绸之路和"万里茶道"张库大道段上的重要建筑。

伊林驿站的设立，最早可追溯到蒙元时期的站赤，其前身即为元代设置的"玉龙驿站"，是当时连接漠南、漠北的一个重要驿站。忽必烈曾在此拜谒皇兄蒙哥大汗。

清嘉庆二十五年（1820年）改称"伊林

忽必烈在玉龙驿站拜谒皇兄蒙哥大汗场景蜡像

驿站"。光绪十五年（1899年）清政府架通张家口-库伦的电话线，在伊林驿站设电报

局。1918年，张家口的旅商景学钤创办了"大成张库汽车公司"，开通了汽车运输自张家口到库伦（今乌兰巴托）的公路线，即"张-库大道"，并在伊林驿站设漠北站。张-库大道间的汽车营运业务在20世纪10～20年代很兴盛，后因各地铁路兴起，该道才逐渐萧条。1943年日军占领该地，伊林驿站遂停止使用，逐渐成为废墟。

**遗产主要构成情况**

（1）通过2017年由内蒙古文物考古研究所，对伊林驿站遗址的考古发掘，发现有院落3处、房屋37间、表明伊林驿站的建筑具

民国初年伊林驿站旧照

有较大的规模。

（2）位于伊林驿站遗址南272米处，有两处保存完好的驿站使用过的古水井，西北500米处保存有古车辙印遗迹。该古车辙印遗迹东西宽600米、南北长1公里，遗迹上采集到瓷瓶、铁器、车马构件、陶器标本等遗物，印证了万里茶道上伊林驿站的繁华。

伊林驿站的古水井

伊林驿站的道路和古车辙印痕

### 遗产的价值和重大意义

（1）伊林驿站早在元代就是一座重要的驿站，有明确的历史记载。长期以来，在草原丝绸之路和"万里茶道"的交通贸易中，大多数商队途径此站休息、加水、交流。因此，它对于研究草原交通历史具有重大价值和重大意义。

（2）伊林驿站遗址是内蒙古地区唯一现存的古代驿站建筑遗存，也是草原丝绸之路和"万里茶道"张库大道段上的重要建筑，对于研究草原驿站建筑具有重大意义。

（3）伊林驿站见证了草原丝绸之路和"万里茶道"数百年的繁荣。经过科学的考古发掘，院落格局保存较完整，且保存有水井等附属设施及大面积车辙遗迹，是中西交通史和贸易研究的重要实物资料，对古驿站布局研究有重要参考价值。

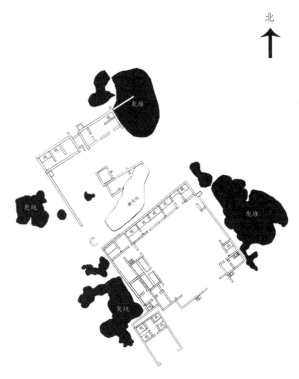

伊林驿站遗址测绘图

（4）在伊林驿站的三座院落和房址内出土遗物包括陶器、瓷器、铜器、骨器、木器、钱币、纸质等，尤其以钱币种类居多，包括"嘉庆通宝"、"中华铜币"、蒙古钱币和日本钱币。同时，出土的除中文报纸外，还有蒙文、俄文和日文报纸，研究价值很高。

伊林驿站是进入漠北蒙古之前的重要驿站，也是中原和北方草原贸易的咽喉要道上的一处重要驿站，其遗址具有很高的历史和文物价值。

## 论内蒙古草原文明的建筑遗产及其特色和重大意义

由于内蒙古建筑历史的记载稀少，致使人们对于草原文明建筑遗产的基本情况与重大意义缺少认识。为研究、总结内蒙古建筑遗产的历史、特色与重大意义，本文特就此问题进行论述。

### 一、原始社会时期内蒙古建筑文明的起源

内蒙古草原文明发源于距今 50 万年前的旧石器时代。与北京猿人同时代，呼和浩特大窑旧石器时代遗址开始有远古先民在这里劳动。他们开采石块来制成石斧等工具，他们依靠洞穴为家，用最原始的石器来猎获肿骨鹿并且用火烧烤。大窑的石器敲击出内蒙古草原文明的第一缕火花。

大窑遗址的发现，为研究草原文明早期旧石器时代文化的起源和发展提供了极为重要的资料。由于大窑遗址的发现，证明了早在距今 50 万年前内蒙古阴山之南已有原始人活动。在旧石器时代的内蒙古，草原先民居住的洞穴和山崖石缝，山洞岩洞，即是当时的建筑遗存。例如：位于呼和浩特大窑旧石器时代遗址的"龙含蛋"石窝子，是一处适宜先民们遮风避雨、栖息生存之地，可以视为是内蒙古地区最古老的"建筑遗存"。

此外，在锡林郭勒盟东乌珠穆沁旗的金斯太洞穴，通过考古发现了旧石器时代人类使用的石器骨器，以及野马野羊等动物的烧骨。金斯太洞穴是草原先民在旧石器时代居住、生活的场所，也是在内蒙古地区发现的古人最早居住的洞穴之一，可称为"草原第一洞"。因此，内蒙古的洞穴对于研究旧石器时代远古人类的居住和生活环境，具有重大的意义。

### 二、新石器时代内蒙古建筑文明的发展

人类经过几十万年漫长而艰苦卓绝的奋斗和进化，开始步入了新石器时代。在内蒙古兴隆洼、红山发现了一批具有代表性的新石器时代建筑遗址。在巍巍红山脚下，远古的先民开拓了赤峰大地，为中华文明的进步作出了贡献，玉龙文化从这里出现。草原先民从原始社会走向文明，他们建立了聚落、村庄，居住的草屋和土房，是内蒙古地区最古老的"村庄和聚落房屋建筑遗存"。现根据内蒙古地区的实际情况，从东到西加以论述。

兴隆洼遗址聚落房屋和壕沟的考古现场

（一）东部地区典型的建筑遗产

（1）兴隆洼遗址——"中华草原第一村"

位于内蒙古赤峰市敖汉旗的兴隆洼文化的房址，均为半地穴式，且多为单室建筑。在

大窑"龙含蛋"石窝子遗址
这里是内蒙古地区最古老的"建筑遗存"栖息地

遗址中还发现有两座并排的大房址，面积超过140平方米，估计这是该聚落的首领所居，也是这个聚落的人们举行公众议事。原始宗教活动的场所。这样大的房址出现在8000年前，是中国建筑史上的奇迹，对研究我国新石器时代早期阶段聚落布局、房屋建筑、生活方式等提供了宝贵的实物资料。

这里发现的房屋是内蒙古东部地区，时代最早的房屋建筑遗存。再加上房子周围的保护性壕沟，形成了一个典型的原始社会的村落，这些房屋建筑和村落遗址，昭示着草原上的原始部族社会、宗教和农耕生产开始诞生。

兴隆洼文化的房屋复原示意及其墨线图

（2）赵宝沟遗址建筑

遗产位于赤峰市敖汉旗。赵宝沟聚落遗址的先民，在平缓的山坡上居住，在坡顶有祭祀区。小型房屋代表一个核心家庭，中型房屋代表一个大家族，大型房屋是一个氏族代表。

房屋均为长方形半地穴式建筑，有的房屋有窖穴。窖穴位置在半地穴墙壁朝向坡下中部等房屋，有的凸出于墙壁，房屋平面形状成为凸字形，窖穴之上就成了出入门道。有

的窖穴位于房屋一角。墙壁抹草拌泥后再抹一层细泥，经过烧烤，坚硬。居住面呈平面或阶梯状，阶梯状后部高于前部。居住面为呈层的硬面，有红烧土面。坑灶位于房屋居住面的中部，平面为圆角方形。在灶的两侧各有一个柱洞，或在居住面上均匀分布四个柱洞。窖穴呈近圆形直桶状。前部居住面上往往有浅坑，平面为圆形。居住面后部用于睡卧，前部为炊事等活动区。房屋面积分为大、中、小三类，大型面积近百平方米，中型面积在30～80平方米，小型面积在30平方米之下。

赵宝沟房屋遗址及其墨线复原示意图

（3）哈民忙哈遗址

遗址位于通辽市的科左中旗内，是一处保存完整的史前聚落遗址，属于新石器时代哈民文化。哈民遗址的房屋建筑的屋顶是由檩、椽等呈层捆绑、扣合构成的坡状梁架式屋顶。这是我区最早出现的梁架式屋顶，是研究古代房屋建筑结构的实物依据。其中保存较好的房屋木质结构痕迹，是中国甚至世界范围内首次在史前时期的聚落遗址中发现，对于复原史前房屋的建筑方式提供了极为重要的形象依据，堪称史前建筑史上的空前发现。

遗址内残存的木质房屋顶部结构、人骨遗

骸、麻点纹陶器，以及石、骨角蚌器、玉器等，为复原史前生活和研究新石器时期的房屋结构、经济生活、制陶工艺、宗教习俗等提供了非常重要的实物资料。

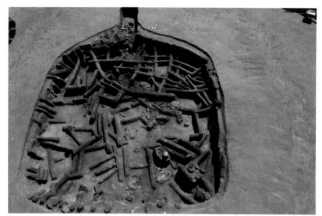

哈民忙哈房屋遗址及其墨线复原示意图

### （4）红山祭坛建筑遗址

红山文化是内蒙古草原地区的原生文化。红山祭祀建筑—草帽山祭坛遗址，位于赤峰市敖汉旗。

红山文化聚落遗址复原图

祭坛分布在突起的山岗上，建筑的形制有单坛、单冢或坛、冢结合几种类型。在距今5000年前，内蒙古的红山文化率先由氏族社会跨入古国阶段，以祭坛、女神庙、积石冢和玉龙等玉质礼器为标志，产生了我国最早的原始国家。红山文化的发现，使西拉沐沦河流域与黄河流域、长江流域并列成为中华文明的三大源头。

位于赤峰红山脚下的模拟的石砌祭坛（为筹建红山考古公园而建）

### （二）中西部地区典型的建筑遗产

### （1）裕民遗址建筑

位于乌兰察布市化德县的裕民遗址，是处在从旧石器时代晚期向新石器时代早期过渡的遗存。遗址内发现的十几座房址，表明这里已经形成了小型的村落。房址周围并未发现灰坑，又表明当时的生活资料还不丰富。这是内蒙古中西部地区最早发现的村落，可以称为"内蒙古中西部第一村"。

裕民遗址远眺。红点处为考古发掘地点，下方照片为考古发掘现场

（2）老虎山石城建筑遗址

位于乌兰察布市凉城县的老虎山遗址，有环绕遗址周围的石围墙，周长约1300米。多数结构为下部分土筑，上部分石筑，少部分全部石筑。这是内蒙古地区发现了时代最早的石城建筑之一。对于研究中华文明石城建筑起源具有重要价值。近期以来，随着陕西省榆林石峁山城的发现与研究，有学者认为两者之间有传承关系。

老虎山遗址石围墙

这里的房屋建筑很有特色。房屋挖在黄土中，大部分是半地穴式建筑，少部分为窑洞式建筑。大多数房屋平面呈凸字形，少部分平面呈方形或长方形，个别为圆角梯形。少部分房屋内有柱子支撑屋顶，多数房屋内无柱子支撑屋顶。面积在4～20平方米，每个房屋平均居住人口3～5人。该遗址反映了新石器时代内蒙古地区的建筑情况和平均的居住面积，对于研究与复原草原先民们的居住生业情况提供了珍贵的实物资料。

老虎山早期山城遗址平面复原图

（3）园子沟遗址建筑

位于乌兰察布市的园子沟遗址建筑，房屋为里外间窑洞，这是国内发现的最早的建筑形式，开创了后代建筑分为里外间的模式，具有重要的建筑考古价值。

这里的房屋结构有两种，一种由主室和外间组成，与前部院落相连，有的几座房屋共用一个院落，一种没有外间，主室直接与院落相连。

主室建筑完全挖在生黄土内的窑洞式房屋，平面呈凸字形和方形，地面为生土上敷草拌泥再白灰。墙壁逐渐内弧收顶或分段直壁内收弧顶。墙壁上敷草拌泥和抹白灰墙裙。居住面中部有地面火塘，平面呈圆形，多数火塘周围为一周黑彩圈，少数火塘周围无彩，其灰褐色烧土硬面稍高于居住面。

园子沟里外间房屋建筑遗址内景

## 三、青铜时代内蒙古建筑文明的新发展

（一）东部地区典型的建筑遗产

（1）三座店山城聚落建筑

三座店山城遗址航拍图

内蒙古赤峰市松山区的三座店山城遗址，是内蒙古规模最大，建筑宏伟的青铜时代石城建筑，为研究和复原四千年前的山城遗址的建筑提供了基础材料。聚落建筑由大小两座并列的石城组成，大城在西，小城在东。每座院落的基本组合是由一个圆形双圈房址和一个单圈房址及窖穴构成，个别为两座房址组合或为一座房址加若干灰坑组合，也有少量单体建筑，周围不加院落。

三座店遗址城墙上的马面-东向西

在遗址中，首次清理发现最早的防御工事"马面"，其设计建筑结构复杂，为研究我国早期"长城"的起源提供了珍贵的实物资料。西侧南北向干道通向一处院落，院落南侧建有石砌关门，关门装有双扇开启的大门。这一建筑设计极为精巧，是最早的门禁设计实物。

（2）二道井子建筑遗址

遗址位于赤峰市红山区二道井子行政村，属于青铜时代夏家店下层文化。年代距今

二道井子遗址考古发掘现场航拍图

4000～3500年，是内蒙古东部地区相当于夏代至商代前期规模大、保存好、研究价值高的建筑遗址群。

遗产房屋建筑保存较完整，虽经四千年的自然侵蚀但许多房屋墙体依然较为完整，院落布局清晰可辨。建筑的院落由院墙、院门、踩踏面、房屋、窖穴等组成。院墙主要由灰黄色杂土夯筑而成，有的墙体上部用土坯或石块修砌，这是内蒙古最早使用土坯这种建筑材料建房的实物例证，对研究内蒙古建筑材料发展史具有重大的价值。

历经四千年的侵蚀，房屋墙体门窗等建筑依然保存较好，充分体现了二道井子草原先民高超的建筑技术水平。图为第75号大型房屋全景

此外，这里的房屋使用时间约数百年之久。还首次发现设计建筑十分复杂的大型的回廊或侧室建筑，回廊内侧砌有横向短墙，将回廊分隔成数量不等的小隔间，之间有门道或门洞相连。此类大型的回廊或侧室建筑，为研究青铜时代的草原先民所具有的创造力和高超的规划、设计、建筑技术，提供了珍贵的实物资料。

（3）大井古铜矿

内蒙古林西县的大井古铜矿建筑，是一处集采矿、选矿、冶炼、铸造为一体的联合建筑。大井古铜矿的开采同悠久的青铜冶铸史息息相关，它证实了早在二三千年以前，夏家店上层文化的先民们就在这里用粗糙的石制工具来开采铜矿，并创造了灿烂的青铜文明。

大井古铜矿矿坑建筑遗址

在古铜矿的冶炼遗址中分布有建筑密集的炼铜炉，建筑形制有椭圆形、马蹄形和多孔串窑式炼炉，还发现有为提高炉温而使用的鼓风建筑设施。这是东北和内蒙古地区最早发现的、规模最大的青铜冶炼青铜建筑遗址，对于研究内蒙古地区青铜冶炼的技术具有重要的参考价值。

大井古铜矿遗址的发现标志着我国铜矿开采早在西周时期已达到较高水平，具备了采矿、选矿、冶炼、铸造等全套工序。该遗址对研究古代北方民族的物质文化以及夏家店上层文化的形成与扩张，具有重要的意义与价值。

（二）西部地区典型的建筑遗产

（1）朱开沟遗址建筑

朱开沟遗址考古发掘现场照片

在鄂尔多斯高原上的伊金霍洛旗发现的朱开沟文化遗址的房屋建筑遗存，以及相当于

殷商时期而又独具特色的青铜器和陶器组合，可认定这些器物的主人便是甲骨文中所称的"方"人。正是他们开创了中国古代北方游牧民族与中原民族第一次接触交往的历史，而且也是这些人铸造出以牛、马、羊、鹿、狼、虎为图案的"鄂尔多斯式青铜器"。

朱开沟遗址早期青铜时代的房址代表了当时房屋建造者和使用者的活动方式。在不同阶段的变化反映了人们应对气候变化所采取的适应性行为。降温对遗址的适应行为产生了重要影响。

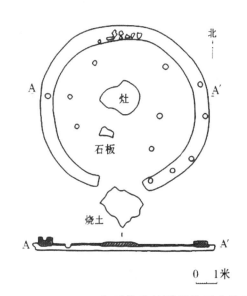

朱开沟遗址圆形地面建筑示意图

（2）阿善遗址晚期建筑

在内蒙古包头市的阿善遗址晚期建筑遗存，属于青铜时代的石城和祭坛建筑，为研究和复原内蒙古中南部地区青铜时代的建筑提供了可靠的实物依据。

阿善遗址石围墙

阿善晚期文化时期建起石围墙和祭坛建筑，是当时祭祀活动的中心，对研究中华文明的起源、大型祭坛的建筑、石城的构造等，提供了重要的实物，因而具有极为重要的意义。

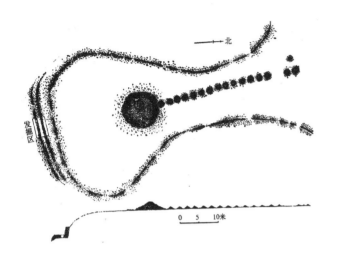

阿善文化晚期祭祀建筑平、剖面图

（3）曼德拉山的穹庐部落家族的岩画

位于阿拉善盟阿拉善右旗的曼德拉山岩画，刻画了具有青铜时代特色的穹庐。原始的穹庐是由简单的木杆搭架起来的，类似鄂伦春，鄂温克猎民居住的撮罗子，或者北极圈猎民的帐幕。居民们共同居住在各自的帐幕里面，形成了一个村落。因此，阿拉善的穹庐家族岩画图是最早的建筑岩画。对于研究草原游牧民族的早期建筑具有重要意义。还有在阿拉善的布手印岩画中，草原先民把自己的红手印印在洞穴石壁上，以此表明了他们是这个洞穴建筑的主人。

曼德拉山岩画——"穹庐部落家族图"

阿拉善——"布布手印彩绘岩画图"

### 四、历史时期内蒙古建筑遗产的见证

历史时期（主要指青铜时代结束后铁器时代开始的草原文明历史），内蒙古地区的古代建筑文明，见证了草原文明与中原文明的互相影响，其发展脉络清晰。在内蒙古地区发现的古代建筑遗址、古城和文物极其丰富，对于共建中华古代建筑文明的宏伟大厦具有重要意义。主要建筑遗产有都城、陵墓、古城等，具有重要的历史、艺术、科学价值。现将其中最有代表性的建筑遗产作如下介绍：

（一）古代都城建筑

（1）辽上京古城

辽上京建筑，分南北相接的两城。北城为皇城，呈六边形。分外城和内城（大内）两部分，是契丹帝王理政和居住的地方。南城为汉城，为正方形。是汉族及其他民族居住之地。

辽上京的布局，采用契丹人与汉人分居的形式。其皇城内设有宫殿、寺院、衙署等建筑。

辽上京皇城西山坡佛寺遗址发掘工地全景

其中，寺院建筑可从山西大同（辽西京）寺院建筑看到其风格和规模。皇城中还有大片空地，专门用来搭架毡帐，以适应游牧生活方式。辽上京在当时欧亚地区中，是极繁荣的都市。汉城内商肆林立，名酒、丝绸、蔬果、粮食、工具及各种珍奇货色均有出售，并有"夜市"。契丹皇帝有时也在夜晚微服私访汉城，饮酒观市。

辽上京古城遗址航拍图

### （2）元上都古城

元上都建筑分为外城、皇城、宫城，是一座融蒙汉文化为一体的草原都城具有与内地农业区城市不同的许多特色。它是根据元代统治者的生活需要和政治需要建造起来的，它既具备汉族传统城市的风貌，又带有蒙古游牧生活方式的特色。主要建筑有大安阁，元世祖、元成宗、武宗、天顺帝、文宗、顺帝等六位皇帝都在上都大安阁继位登基，显示了上都建筑举足轻重的地位。

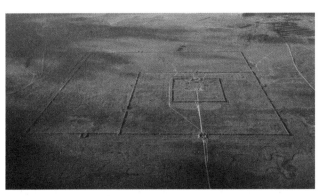

元上都城址航拍图

元上都既是元朝的夏都，也是欧亚大陆上最有特色的草原城市。元朝的建立，打通了欧、亚、非三大洲之间的交通。在一百年左右的时间里，元朝与四大汗国之间频繁往来，与欧、

元上都大安阁建筑航拍图

大安阁建筑模型

亚、非各国的联系密切，使草原文明、欧洲文明和东方文明互相交流，形成了独具特色的蒙元文化。中国元明清三代在北京的营建，

都受到元上都的很大影响。2012年，元上都古城被列为世界文化遗产。元上都是一座世界名城，它的设计布局和规划，也影响了元大都（今北京）的建设，今天的北京城有许多元上都的因素。著名的"胡同"就是典型的代表。

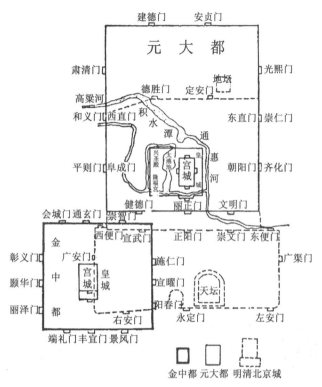

元大都（今北京）布局复原墨线图

元大都（今北京）大明殿复原图

（二）古代陵墓建筑

（1）辽祖陵建筑

据历史文献记载：辽太祖陵墓是凿山修为殿，名叫明殿，在殿南岭修有祭祀用的膳堂，门叫黑龙门。2011～2012年，辽祖陵考古队发掘了辽代祖陵陵园黑龙门址和1号建筑基址。黑龙门址主体保存之完好，为国内所罕见。

黑龙门由门道、墩台、陵墙、慢道、涵道等和高大的城楼建筑组成，较为完整。城门主体应为一门三道建筑，其两侧连有夯土陵墙，东陵墙内侧（北面）有慢道；门道、墩台和陵墙上均有高大的城楼建筑。

辽代祖州城是为辽太祖耶律阿保机祭祀陵寝的奉陵邑所在地，位于祖陵东侧石房子林场所在地，呈不规则的五边形，由内外两层城垣构成。

内城分成三部分，中轴部分为主体祖庙。祖庙由三重递进式大型宫殿组成，主要有二明殿和二仪殿。在祖州内城的西部区，有一座建在高台上的石屋，它就是著名的石房子。

辽祖陵陵门黑龙门建筑遗址考古发掘全景

辽代祖州城址航拍图

辽祖州石房子建筑，是内蒙古地区古代最巨大的石头房子建筑物，它是契丹皇族和大贵族特有的墓葬建筑，在内蒙古仅发现两处建筑。此类石房子属巨型建筑，对于研究和复原展现契丹—辽的皇家或大贵族的墓葬建筑，具有重要的价值。

张氏先茔碑

辽祖州城石房子及其墨线图

（2）元代张应瑞家族墓建筑

元代张应瑞家族墓是内蒙古地区规模最大、保存最好的元代汉族家臣的墓葬建筑，也是元代后期大臣墓葬礼制建筑罕见的实例标本。其建筑规模巨大、书法雕刻精美、使用优质石材。其对于研究元代草原地区的墓葬建筑，书法艺术、礼仪典章制度提供了宝贵的实物资料。特别是珍贵的"张氏先茔碑"高约6米，可称为"草原第一巨碑"，对于研究元代蒙汉民族关系的历史，以及蒙古史、蒙古文字等均具有重要的价值。

（3）清公主陵建筑

和硕端静公主墓是内蒙古保存最好的清代公主陵墓建筑，也是清代前期公主墓葬礼制建筑罕见的实例标本。其建筑规模可观、雕刻精美、使用石材优质。其中，龙纹龙兽、敕建公主碑，体现了皇家气派与贵族威仪，细腻精湛的石雕工艺，反映了清代官式建筑的最高水准。

和硕端静公主墓牌坊建筑

现存遗迹遗物主要有：石雕牌坊1座，石雕墓表2座，敕建公主碑1通，墓穴1座，墓志1合，奉旨合葬碣1方，多尔记阿哥碣1方等。

石雕牌坊为四柱三孔的双层枋建筑。墓表分东西两座，东墓表由座、柱、承露盘、龙兽组成。敕建碑由螭首、碑身、龟趺组成，泥灰岩质。墓志为汉白玉质地，方形，盖身分体，规格相同。奉旨合葬碣为泥灰岩质，方形，阴刻满蒙汉文，汉文楷书体，首题"奉旨合葬"，全文约计212字。

### （三）古城建筑

#### （1）云中古城

云中古城遗址周长约8公里，南墙长1920米，残高4.5米，宽8米，夯层厚度8～12厘米。下层夯土及城内地下有战国及秦汉陶片，上层夯土中夹有北朝遗物。现古城地表散布着大量陶片瓦砾，尤以中西部最为密集，大部分为汉魏、北朝遗物。古城内地下还有战国、秦汉时期的历史遗物。

云中城是有文字记载以来，呼和浩特地区历史上最早出现的城。从这个意义上来说，呼和浩特地区城市发展历史是从云中城开始起步的。因此，云中古城可以被称作"呼和浩特第一城"。云中古城作为内蒙古地区最早的大城，反映了当时建筑生产力和科学技术的发展水平。古城建筑在农牧业交错地带上，是各民族交流与融合的见证。云中古城还反映了当时古人的城市规划思想，体现了人与自然的和谐。

#### （2）居延遗址（含黑城）建筑

居延遗址指的是包括汉代张掖郡居延、肩水两都尉所辖边塞上的烽燧和塞墙等遗址在内的遗址群。此外，黑城遗址蒙古语为哈日浩特，意即"黑城"。2001年，黑城遗址作为西夏、蒙元时期重要的古城遗址，归入居延大遗址范围中。

汉武帝时，在居延设都尉，归张掖郡太守管辖，不仅筑城设防，还移民屯田、兴修水利、耕作备战，戍卒和移民共同屯垦戍边，居延即为中心地区，居延长城周边兵民活动在汉代持续200多年，形成大量居延汉简。

居延遗址作为我国草原丝绸之路上的特大型古代遗址，具有极为重要的意义与价值。而黑城遗址是草原丝绸之路上现存最完整、规模最宏大的一座古城遗址。城内的古塔、古墓、古城、房屋等建筑遗址，由于周边地区气候干旱所以古城建筑保存较为完好，它作为西夏、蒙元时期在丝绸之路上的重要古城遗址，对于研究西夏、蒙元时期草原丝绸之路古城古建筑具有重大意义。

居延遗址黑城航拍全景

#### （3）安达堡子古城建筑

经相关专家考证，这座古城是汪古部为金朝守卫界壕的旧城，也是成吉思汗与汪古部首领阿剌兀思·剔吉·忽里约定为世婚世友之后的安达堡子。对于研究蒙古黄金家族与

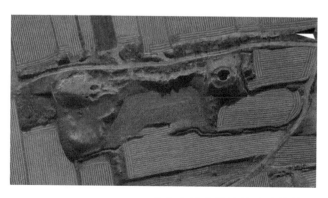

云中古城东段城墙遗址航拍图

汪古部贵族的关系，具有重要的研究价值和保护意义。

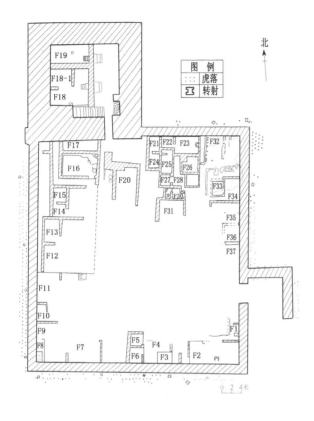

汉代甲渠侯官遗址平面图

### （4）巴彦乌拉古城建筑

据《史集》记载，皇太弟斡赤斤喜欢修筑城邑、兴建宫殿。"他到处兴建宫殿、城郊宫院和花园"。内蒙古考古学家根据历史文

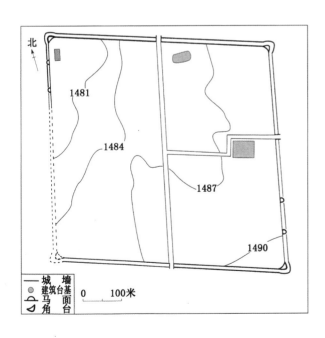

安达堡子古城遗址平面图

献和考古调查资料，确定巴彦乌拉古城是斡赤斤兴建的一座草原城市。

当地古城周边草原广阔，这些建筑材料和宫殿的兴建，反映了蒙古黄金家族与中原内地的交流，是牧农互通的典型代表。这座草原城市尽管规模不大但具有重要研究价值，而且对于蒙古黄金家族的建筑历史，提供了重要的实物资料。

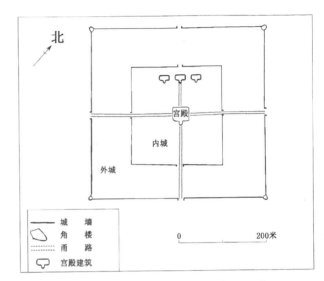

巴彦乌拉古城建筑城址平面图

### （5）丰州古城建筑

丰州古城建筑与现呼和浩特境内的辽代东胜州遗址（托克托城大皇城）、云内州（托克托县白塔古城），形成西南面边境三足鼎立的军事防卫性威慑体系，史称"西三州"。成为与北宋、西夏（党项民族）抗衡的军事战略重镇。辽神册五年，辽太祖耶律阿保机另筑新城安置，东迁于丰州城。辽丰州城辖富民、振武二县。辽朝西南面招讨司即置于丰州城。

丰州故城遗址全景

古城的平面呈长方形,南北长1260米,东西宽1125米。东、南、西三面中部各开一门,筑有瓮城。辽代丰州城布局为四坊制,金代开始改变这一格局,到元代因手工业发展而繁荣。在古城的西北坊处耸立辽代万部华严经塔,为全国重点文物保护单位,是城中最高的古建筑。此外,城中央还有一座突起的遗迹,与城门遥相对应,应当是古城的衙署建筑。

丰州古城自辽太祖神册五年(920年)东迁建城起,经辽、金、元三代,到元末明初废弃,经历了400多年的历史,是呼和浩特平原上规模最大、规划完整、建筑特色鲜明的重要古城建筑。丰州古城也是草原丝绸之路沿线重要的枢纽城市。

丰州古城对于研究呼和浩特历史文化名城的建设发展历史,提供了极为重要的实物资料,具有重大的意义。

丰州古城内的辽代白塔——万部华严经塔

## (四)其他重要建筑

### (1)秦直道建筑

秦直道不仅是我国历史上最早,也是我国境内保存下来的为数极少的古代交通要道建筑遗址。在鄂尔多斯市境内发现的直道遗迹,是秦直道全程中保存最好的一段。这条道路建筑遗存,对于了解秦直道的建筑形制、历史沿革以及测绘、建造方法、附属设施提供了珍贵史料,同时对于开展我国交通建筑史的研究,亦具有十分重要的作用。

秦直道的修建,主要是为了加强中央与北方草原地区的联系,加速驰援北方、有效地遏制匈奴的侵扰,巩固对北方的统治。

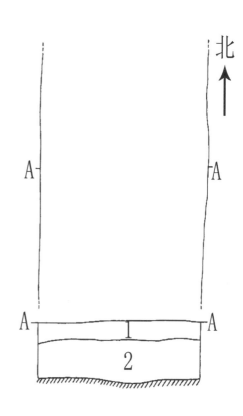

## 1.夯土  2.垫土

秦直道建筑构造的平、剖面图

秦朝灭亡后,秦直道依然是中原汉王朝控制北方地区的重要通道,西汉时期几次对匈奴大的军事行动,都是通过秦直道来完成,汉武帝几次对北方地区的重要巡幸,也是经由秦直道来进行的。秦直道遗迹以及沿线的古城遗址,对于我们研究秦汉北方地区的历史，特别是与匈奴的战争史、交通史、通讯史和民族关系史等，具有非常重要的价值。

从时代先后看，秦直道比闻名西方的罗马大道要早200多年，是世界上公认的第一条"高速公路"，享有世界公路鼻祖的美誉。秦直道作为我国第一条"高速公路"建筑，在道路设计、施工、质量保障等方面已经具有很高的水平。因此，秦直道遗迹保存情况较好，为当代道路建筑施工的工程质量，提供了重要的参考。

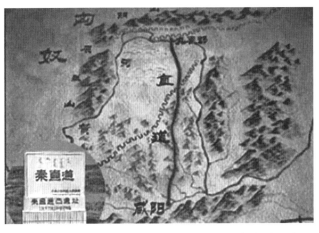

秦直道示意图

秦直道遗址

（2）缸瓦窑遗址建筑

缸瓦窑遗址位于内蒙古赤峰市松山区，这里是辽、金、元时期草原地区规模最大的一处瓷器烧制场所。1943～1944年，日本学者进行了调查和发掘。新中国成立后，内蒙古文物部门多次调查。1995年、1997年、1998年，内蒙古文物考古研究所进行了三次发掘，发掘面积500余平方米。

瓷窑炉建筑成排分布，数层叠压，延续使用。分为马蹄形和龙窑两种，发现马蹄形数量多，龙窑仅发现1座。马蹄形窑规模较小，用耐火砖砌成，东北向，窑门为八字形，窑床为长方形，主要烧制白瓷。龙窑是外侧用石块，内侧用耐火砖砌成，南高北低，窑门呈八字形，主要烧制大型粗缸胎器物。

缸瓦窑是内蒙古草原地区现存规模最大的瓷器烧制建筑，被称为"草原瓷都"，具有重大的历史研究价值。

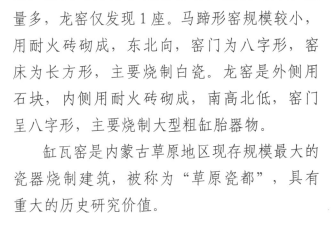

缸瓦窑遗址发掘清理出的窑址

缸瓦窑遗址出土的白釉褐花罐

（3）黑矾沟瓷窑建筑

黑矾沟瓷窑位于呼和浩特市清水河县窑沟乡黑矾沟村的黑矾沟内，黑矾沟现存25座窑址，大部分建筑保存完整。黑矾沟依坡筑窑，坐北朝南。窑址间距不等，有的是单体窑，有的是双体窑，有的是群体窑。窑身为圆形圆顶状, 俗称馒头窑。一般瓷窑居中, 两侧筑2～8间不等石砌窑洞, 为生产作坊和工人居住处。也有瓷窑单独分布, 两侧不连接窑洞, 用于生产和生活的窑洞就在瓷窑附近。瓷窑建筑可分馒头形窑和方形窑两种结构, 石筑, 上有窑口, 下有灰口, 上下以石砌台阶相连。窑址大小规模不一, 低者高在6～8米, 高者在12～13米。窑沟地区瓷土储量大, 土质细腻, 胶性大, 是生产陶瓷产品的极好原料。

清水河县窑沟乡黑矾沟古窑址建筑群, 对研究明清时北方瓷系陶瓷生产历史、发展脉络, 以及长城内外人们的生活习惯、饮食文化、民族风情等诸多方面具有重要的参考价值。

黑矾沟瓷窑遗址的瓷窑和窑洞

#### (4) 阿尔寨石窟建筑

阿尔寨石窟在西夏时期属于宥州辖区, 阿尔寨石窟洞窟编号1—56窟, 以顺时针方向在平顶山开窟。石窟所在的时代为西夏、蒙古、元、明。石窟分上、中、下三层。在总计56座洞窟中, 西夏时代的石窟有一半以上, 还有一半石窟在蒙元时期和明代中期营建。许多石窟内绘有壁画, 仅西夏、元代壁画就达600余平方米。据石窟的形制、壁画的绘制风格、内容等综合分析, 阿尔寨石窟寺始凿于西夏, 以蒙元时期最盛, 明末清初停止开凿

及佛事活动。阿尔寨石窟的确认, 纠正了学术界以往认定的中国北方石窟寺建筑终于元代的观点。

阿尔寨石窟航拍图

阿尔寨石窟是内蒙古现存规模最大、历史最悠久石窟寺建筑群, 对于研究西夏至蒙元石窟寺建筑和历史文化具有重大意义, 石窟多为正墙或三面墙。墙上开凿半椭圆形佛龛, 墙底部设台阶为坛, 石窟均直壁、平顶, 拱形或方形门。有的窟壁凿有壁龛及须弥座, 有的顶部凿出网状方格, 还有的顶部中心凿出莲花或叠涩藻井。阿尔寨石窟以中、小型石窟为主, 形制主要为中心柱式窟、平面有方形、长方形、单间石窟等几种。此类建筑在内蒙古极其罕见。

阿尔寨石窟建筑

（5）美岱召古建筑遗产

位于内蒙古包头市土右旗大青山下的美岱召，是一座建于明代中叶的城寺结合的古建筑群。明代中期，成吉思汗第十七代孙，土默特部首领阿勒坦汗势力崛起。阿勒坦汗晚年皈依了藏传佛教，在他晚年共建造了三座黄教庙宇：第一座是1578年建于青海湖东畔的仰华寺；第二座是位于今呼和浩特旧城的大召（比仰华寺晚一年，1579年始建）；第三座即是美岱召。美岱召，明代称灵觉寺，清代赐名寿灵寺，因从西藏来的麦达力活佛在此坐床（明万历三十四年，1606年），故俗称美岱召。

美岱召全景

美岱召的整体布局为正方形，是一座堡寨式的建筑。南面为正门"泰和门"，门额上嵌有1606年刻成的"皇图巩固"、"大明金国"石匾。进入城门，迎面为大雄宝殿，内有明代巨幅彩绘壁画，特别是后殿西墙上绘有蒙古贵族供奉迈达里活佛的壁画，内容十分丰富。大雄宝殿后是琉璃殿，这里是阿勒坦汗接受朝拜的地方。琉璃殿西侧为老君庙和万佛殿。其南的藏式经堂是乃春庙，这里曾是迈达力活佛的居所。经堂东北的是太后庙，是供奉阿勒坦汗之妻三娘子骨灰的灵堂。

美岱召大雄宝殿

（6）大召古建筑遗产

大召，蒙古语称"伊克召"，意为"大庙"。汉名原为"弘慈寺"，后改称"无量寺"，今通称"大召"，位于呼和浩特市玉泉区大召前街，始建于明万历七年（1579年），是呼和浩特最早兴建的喇嘛教（黄教派）寺庙，也是中国北方著名的寺庙之一。

大召寺，汉名"无量寺"

大召，占地面积约3万平方米，寺庙坐北向南，主体建筑布局为"伽蓝七堂式"。沿中轴线建有牌楼，山门、天王殿、菩提过殿、大雄宝殿、藏经楼、东西配殿、厢房等建筑。附属建筑有乃琼庙、家庙、菩萨庙等。此外还有环绕召庙的甬道和东西仓门。大雄宝殿为寺内的主体建筑，采用了汉藏结合的建筑形式，殿堂金碧辉煌。寺前有清代建造"玉泉井"古迹。整个寺院建筑气度恢宏、肃穆庄严。白底黑字的"九边第一泉"木匾，悬挂在山门之上。

大召山门横匾，上书"九边第一泉"

（7）五当召古建筑遗产

位于内蒙古包头市固阳县吉忽伦图山之阳的五当召，是清代康乾盛世的产物。乾隆十四年（1749年）曾大规模扩建，赐汉名"广觉寺"，藏名"巴达格勒"（意为"白莲花"），因庙前有杨柳繁茂的五当沟（蒙语意为柳树），俗称五当召。

五当召全景

五当召的建筑以西藏的扎什伦布寺为蓝本，凭依山势建造，各自独立的殿宇错落有致地汇为一体，朱带白墙配以殿顶的铜法轮、庙徽、扎仓等法物鳞次栉比。五当召极盛时，僧多殿多僧舍多、办事机构也多，现存房舍2500余间，占地300多亩。

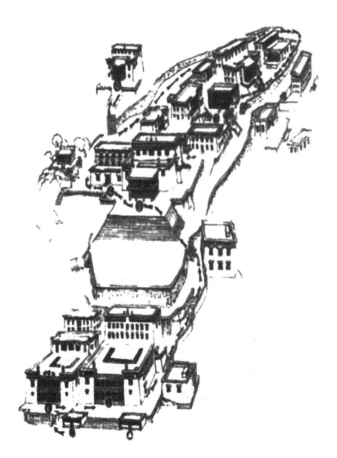

五当召鸟瞰

（8）喀喇沁旗王府古建筑遗产

喀喇沁旗王府，位于内蒙古赤峰市西南锡伯河上游北岸。王府始建于康熙十八年（1679年），原占地约8.6万平方米，由府邸、后花园和西院三部分组成。府邸约4.8万平方米，坐北面南，院墙以厚土夯筑或青砖砌筑。府内以两道矮墙分隔为中轴区和东、西跨院区，区间以若干小门相连通。中轴区主要为衙署印务处等"十三行"政务机构处所。东跨院为寝室、膳房、仓库和戏楼等，西跨院为书斋、客厅、议事厅、祠堂和练武场等。中轴区五进建筑体量逐级增大，东西对称排列耳房、厢庑和抄手廊，构成了连续的四合院格局。

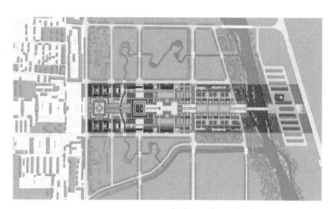

喀喇沁旗王府内建筑平面图

府内主体建筑为大式砖木结构，硬山式屋顶；青砖瓦、磨砖撕缝，筒瓦覆顶；红梁柱，旋子彩画，实榻大门。位于后部的承庆楼，五间两层，雕牙雀替，和玺彩画，为府内专用佛堂。西跨院前区建筑为两重三合院，皆为卷棚顶，其一正堂环廊歇山戗，另一正堂双体勾连搭，精巧别致，典雅活泼。府内地面铺以方砖，砌筑花坛。

喀喇沁旗王府全景图（手绘）

（9）奈曼旗蒙古王府古建筑遗产

位于内蒙古通辽市奈曼旗大沁他拉镇的奈曼旗蒙古王府，建于清同治二年（公元1863年）。王府原建筑面积约70余亩，房屋100余间，分东、西两院。现院内有正堂五间，堂前有平台，东西有厢房各三间，为有回廊式四合院建筑，院外西北角有王府家庙三间，院门前有过道门房三间，大门前有大小石狮各一对，现存建筑面积约5000平方米。整个王府的建筑，具有清末悬山滚龙脊、兽面瓦当、红柱回廊、雕梁画栋的建筑特点。

奈曼旗蒙古王府正面

（10）巴丹吉林庙古建筑遗产

巴丹吉林庙古建筑遗产亦称"苏敏吉林庙"，位于阿拉善盟阿拉善右旗莎日台苏木巴丹吉林嘎查所在地。其始建于清乾隆五十六年（1791年），因寺庙周围被巴丹吉林沙漠所包围，故取名"巴丹吉林庙"。该庙是巴丹吉林沙漠腹地唯一的一座寺庙。

巴丹吉林庙坐北向南，寺庙有半人高的围墙。墙外矗立着一座白塔，与殿宇遥相呼应。

巴丹吉林庙古建筑全景

寺庙建筑为汉藏式结构，建筑面积300平方米。殿宇呈楼阁式，分上下两层，重檐山顶。四角有角楼，正面开两小窗，两侧各有4窗。殿内四周墙壁上绘满了佛教题材的壁画。神龛上供有诸多佛像，藏经阁里存有布裹的经书。相传，在建庙过程中，曾从银川等地雇用木匠、画匠、泥匠，从新疆驮运栋梁，从雅布赖山采运基石，从几十里路外运砖，数年时间才建成此庙。

（11）绥远城将军衙署古建筑遗产

该遗产位于呼和浩特市新城区西街鼓楼西侧。始建于清乾隆二年（1737年），乾隆四年建成。该衙署是清代绥远城内最大的衙署建筑，也内蒙古现存唯一的一座清代将军衙署。

将军衙署坐北向南，按清代一品官员等级

绥远城将军衙署大门

建造，建筑规模宏伟，占地面积约1.6万平方米，总计房屋130余间。衙署前有照壁、旗杆、辕门、石狮、鼓乐房、八字影壁等。照壁长29米，高约4米，厚达1.75米。壁上嵌有"屏藩朔漠"刻石。

衙署为中轴对称布局，有五进院落，可分前后部分，前为公廨，后为内宅。一进院落，东西侧房设前锋营、土默特官厅。正面中间设仪门，两侧设旁门。入门为公廨，院落三重、厅堂三进，为将军办事机构和接受参拜的场所。绥远城左、右司衙门建于东西两侧。后院为内宅院落。为将军的私邸住房及花园。衙署房屋均为硬山式，砖瓦建筑。整个建筑之外设有围墙，四角设更房。衙署东面有民国时期绥远省府主席李培基添建的花园，取名"澄园"。

绥远城将军衙署古建筑

（12）五塔寺古建筑遗产

五塔寺汉名"慈灯寺"。蒙语称"塔本·索布日嘎召"，俗称"五塔寺"，位于呼和浩特市玉泉区五塔寺街。其始建于清雍正五年（1727年），雍正十年（1732年）寺庙竣工后，清廷赐名"慈灯寺"，并赐予蒙、藏、汉三体文字寺额。寺庙因一造型奇特的佛塔而出名。该塔为金刚宝座式，至今保存完好。

五塔寺，为汉式建筑，"伽蓝七堂式"布局，占地面积约1万平方米。寺庙有院落三重，主要建筑有牌楼，山门、钟鼓楼、过殿、佛殿、东西配殿、后殿、金刚宝座塔，以及僧房等建筑等。

在佛殿后面，建有一座造型奇特的佛塔，寺庙因该塔而闻名于世。佛塔名"金刚座舍利宝塔"，渊于古印度菩提伽耶式佛塔造型，

呼和浩特五塔寺古建筑

塔高16.5米，由塔基、金刚座和五个小塔组成。塔基为方形，金刚座下部呈须弥座式，上部为七层琉璃瓦短檐。檐下嵌有佛像。金刚座顶置有五座玲珑小塔。整座佛塔表面遍布雕塑，有佛、菩萨、金刚、罗汉、飞马、狮、象、鸟、兽，以及佛教中的轮、螺、伞、盖、鱼、罐、花、长、梵文、经字等各种图像、图案。因塔上雕有佛像1600余尊，故又被称作"千佛塔"。该佛塔的建筑造型为内蒙古地区所仅有。

在塔后的照壁墙上，镶嵌有三幅石刻图。其中间一幅为"须弥山分布图"，西侧一幅为"六道轮回图"，东侧一幅为"蒙文天文图"。其中，蒙文天文图是我国现存唯一用蒙古文字标注的一幅石刻天文图，尤为珍贵。

（13）万部华严经塔古建筑遗产

万部华严经塔位于内蒙古呼和浩特市赛罕区太平庄镇白塔村，始建于辽代，古塔耸立在丰州古城的西北隅，因塔身涂一层白垩土故俗称"白塔"。

万部华严经塔

白塔通高 55.6 米，属砖木结构楼阁式佛塔，由辽代特有的须弥座与大型仰莲为基座，七级塔身分别由平座、八面塔体、塔檐组构，七层塔顶上置塔刹。塔门采取单、双层上下交错布列；筒壁式组构，梯道置于塔心壁内，为壁内折上式，亦为上下层之间不同方向互折形式；筒壁式砖砌结构中运用大量水平木骨结构，形成砖木结构的有机结合；砖构斗栱集 3 种不同类型、14 种构造形式且保留了华栱为木构的做法极为鲜见；底层塔表大型砖雕佛教人物造像及蟠龙柱及其立面收分甚微的整体造型，经实地观测，白塔建于面积较大的夯土地基之上，塔体从下至上，围绕中心轴线微向内收。塔身几乎通体垂直，形态沉稳雄浑，显示出辽塔独特的个性特征以及当时科学技术的创新，为研究辽塔建筑技术和抗震设计提供了实物范例。

（14）感圣寺佛舍利塔古建筑遗产

此塔亦称 "辽中京大塔""大明塔"，位于赤峰市宁城县大明镇的辽中京城遗址内东南隅，始建于辽代中晚期，是内蒙古现存佛塔中最高的一座佛塔。

辽中京大塔古建筑

大明塔建于辽代中京城遗址内，规模又是辽塔之最，所处之地当与中京的地位，辽朝的政治、经济、文化等各个领域有着密切的联系。

佛塔高 80.22 米，为八角、十三级、密檐式实心砖塔。整座佛塔由下至上，缓缓收分，显得沉稳凝重。整个塔基座建在厚约 1.5 米的夯土基础之上，呈平面八角形，直径 35.6 米，每面长 14 米，周 112 米。由青砖砌筑，八面均设有台阶。塔基之上筑高台须弥座，座上均雕饰莲瓣、万字图案，再上为塔身。塔身一层各面均有浮雕，并嵌有佛龛。佛龛内有身着佛装、形态各异的菩萨。佛龛两侧雕有身姿雄猛、赤膀露臂、令人生畏的力士；有神情恬静、手持净瓶、善态可掬的菩萨；有在祥云之上，轻盈飘逸的飞天。所有雕像，制作极为精细，雕刻技法在辽塔之中属上乘之作。转角部位均设经幢式倚柱，倚柱上分别刻有塔名和菩萨名称。塔的二层檐做八角宽檐坡顶，再上为层层的密檐。每层塔檐椽头均挂有铜铃一只，计 1350 只。塔顶设有八角形基座，上置塔刹。塔刹为一小型佛塔，形似大塔，高约 4.7 米。南北各有一佛龛。其宝珠、相轮、宝瓶等饰件皆以铜制而成。

（15）呼和浩特市公主府古建筑遗产

该古建筑位于呼和浩特市新城区公主府街，始建于清康熙四十五年（1706 年）后，该府为清康熙皇帝六女和硕恪靖公主下嫁后的府邸，是内蒙古地区现存唯一的清公主府。

呼和浩特公主府古建筑

公主府占地面积1.8万平方米。建筑面积4200平方米。府邸建筑规模宏大，建筑由南向北，层层递进。严格采用了主体突出，中轴对称的建筑布局。府门前设广场，正南建有青砖照壁。府门高大雄伟，门前有汉白玉石狮一对。左右两侧设便门，可入东西跨院。正门向里依次建有前殿、大殿、寝殿三重大殿，以及左右配殿和东西厢房等，构成四重院落，加上东西跨院，共为六院。院与院之间，有仪门、垂花门、满月门相同。原有白塔一座，现已无存。

公主府的建筑结构精巧，用料考究。每座殿堂的基座皆由洁白的大理石镶边包砌，墙体则均由水磨青砖砌成。墙面严丝合缝。柁檩采用四棱方木，府内的殿宇建筑基础都是先经掘地三尺，回填白灰，沙子、黏土拌和的三合土，再由人工夯实而成。

公主府既有体量宏大、形式规整的宫廷式建筑，又有小巧玲珑、形式多样的园林式建筑。两者紧密结合，相互呼应，在空间上连为一体，在景观上互为映衬，使整个建筑得到相得益彰的艺术效果。

（16）小召牌楼

该牌楼位于呼和浩特市玉泉区小召前街，是明代喇嘛教寺庙小召（崇福寺）的建筑。牌楼始建于清雍正年间。寺庙已毁，该牌楼是小召现存唯一的一座古建筑。

小召牌楼，位于寺庙中轴线最前端，坐北向南，为三间四柱式木结构建筑。整个建筑造型优美，构造复杂，装饰富丽堂皇。牌楼采用了隔架支挑垂莲柱，枋柱横向联络等结构方法。转角斗栱的处理突破了一般牌楼的构制。斗栱自座斗出昂，肩十三踩如意重昂，比官式建筑的最大规格多出两踩。牌楼柱采用了立柱与戗柱结合的做法，两中柱与边柱均呈现内倾之势。顶部为歇山式，绿色琉璃瓦覆顶。小召牌楼突破了清代官式建筑的限制，在建筑造型、结构及艺术处理上独具风格，是清代牌楼建筑中极为少见的形式，也是一座不可多得的古代牌楼建筑，为研究呼和浩特地区的寺庙建设，建筑风格提供了重要的实物资料。

（17）北梁关帝庙牌楼

该牌楼位于内蒙古包头市东河区东镇先明窑子村内，始建于清代乾隆十一年（俗称"老爷庙"）。1932年遭火灾，迁址东河区先明窑子村白坝弧山上，老牌楼保存完好。到1934～1939年，再由商会信众募捐重新修缮北梁老牌楼（1939年坊眼名为"北梁"）和部分禅堂和正殿。山门两旁石狮子一对，山门东西两侧各有一月洞门，进门有禅堂，两旁侧殿北塑十八罗汉像和轮回像，正殿塑关圣帝君。1989年，由有名望的村民重新修缮，以纪念"武圣"之义德。同时为了响应党和政府改造北梁地区的意愿和决心，将关帝庙

呼和浩特小召牌楼

北梁关帝庙牌楼

牌楼坊眼还是命名为"北梁"二字，还修缮部分禅堂、偏殿和舍利塔。

（18）白塔村戏台古建筑

该戏台位于呼和浩特市东郊太平庄乡白塔村。始建于清咸丰间（1851～1861年），由本村僧人化缘布施而建。该戏台是呼和浩特地区著名的古戏台之一。

白塔村古戏台建筑

戏台北向，砖木结构，为前台后堂式。前台阔三间，深一间；后堂阔五间，深二间。前后各起一部屋顶，前卷棚，后硬山。台内有"出将"、"入相"及正面相隔的影屏。墙壁上有会首、演员、场面、衣箱以及演出实况的题记，最早的题记是清光绪二十年（1894年）九月。该戏台在呼和浩特地区享有盛誉。

（19）海拉尔俄式木刻楞房

该木刻楞房简称"木刻楞"，亦称"叠罗圆木屋"。位于呼伦贝尔市海拉尔区，始建于清光绪二十九年（1903年）后。木刻楞房是生活在中国北方俄罗斯族典型的民居建筑。现存部分木刻楞房，其房屋形制、房檐、房墙、门廊、窗户都保持了始建初期的原貌，具有极为浓郁的俄罗斯建筑风格。

木刻楞房，主要是用木头为原料，经手斧等工具建造出来的，房屋有棱有角，非常规范、整齐，所以人们称它为木刻楞房。房屋地基由石头砌成，墙壁由圆木层层叠垒而成，一般不用铁钉，而是将木头两端凿出凹槽，直角叠加，互相咬合，并将木楔打进去，进一步加固。有的还在圆木缝隙里塞上苔藓，这些菌类植物，遇上潮湿的气候会不断繁殖膨大，从而能够防寒避风。屋顶呈"人"字形大坡顶，开有天窗。以利空气流通。屋顶多用木瓦或铁皮覆盖。木瓦是用斧子劈出来的，劈出的木瓦有沟坎，便于排水。向阳的木瓦经过长年日照变为灰色，如同青瓦一般，而背阴的木瓦则长满鲜绿的苔藓，宛若琉璃般古朴。房屋的门廊以及上部房檐、窗檐是装饰重点，运用了木雕和彩绘等装饰工艺。

（20）阿拉善定远营古民居

清代定远营的民居，吸收了多民族文化和建筑风格。这处民居建筑为阿拉善左旗和硕特部落毛家住宅。1937年进行大型修建，房屋构架的风格为汉式，主要以木材为主，是阿拉善左旗第一幢用木材修建的房屋建筑。该建筑结合了北京四合院的建筑风格，并含有一部分民国建筑风格。房屋建筑结构为大

木刻楞建筑

正房及其东西耳房

木结构，院落组成部分有正房、东西厢房、倒座等。

厢房及其东西耳房

### （21）蒙古族传统建筑

蒙古族传统建筑——蒙古包，是供蒙古族等游牧民族在草原居住的场所。材料主要由架木、苫毡（覆盖物）、绳带三大部分组成。苫毡由顶毡、顶棚、围毡、外罩、毡墙根、毡幕等组成。蒙古包的结构是苫毡夏季盖一层，春、秋季节盖两层，寒冷的冬季则盖三层，并在里面挂帘子。带子和毛绳（围绳、压绳、捆绳、坠绳等）这些东西虽然零碎，却起着

蒙古族传统建筑——蒙古包

很大作用，作用为：保持蒙古包的形状，防止哈那向外炸开，使顶棚、围毡不至下滑，在风中掀不起来。蒙古包是草原游牧民族使用的民居形式，因使用者大多为蒙古民族而得名。正如丹麦著名探险家亨宁·哈士伦所说："蒙古包神圣的火焰是家庭与部落生活的中

心。传统就是在这里产生的。那些围绕在蒙古包周围的，有着部落最古老和基本特征的语言和氛围被一代又一代传承下来，成为沟通古与今的桥梁。"

蒙古包墨线图

### （22）达斡尔族传统住房建筑

达斡尔族的村屯和住房（主房）一般是坐北朝南而建。主房庭院两侧盖厢房，或盖仓库、碾房。庭院四周围以木质栅栏或篱笆。房屋为土木结构，用松木或柞桦木做屋架，以沼泽苔头挤垒外墙，里外抹泥。屋顶铺柳枝编织成的房盖，上泥，苫草，平整美观、保温。住房空间高大，正面每间两大扇窗，达斡尔族民房都开有西窗，搭有南、北、西火炕，厨房靠北墙盘一池短火炕，用以干燥谷物。达斡尔族住房上有坚固实用、冬暖夏凉、宽敞明亮的特点。达斡尔族人定居已有悠久的历史，村屯一般都建在依山傍水、视野开阔、地势较高的岗坡或山脚下，即使在平原地区，村屯也建在临近河川的高地。

达斡尔族传统建筑

### （23）鄂伦春民族的传统住宅

鄂伦春民族的传统住宅是斜人柱。"斜人柱"是鄂伦春语，意为"木杆屋子"。是一种用二三十根五、六米长的木杆和兽皮、桦

树皮搭盖，而建成的简陋的圆锥形房屋。夏天用桦皮或芦苇，冬天用狍皮做覆盖物，搭盖一个"斜人柱"需要六、七十张狍皮。门上夏天挂柳条穿的门帘，冬天挂狍皮或鹿皮门帘。

斜人柱的内部陈设也很简单，主要是住人的铺位。每个斜人柱一般三面住人，一面是门，当中有一火堆取暖，上面吊一口小铁锅，以便煮肉做饭。斜人柱内部，席地铺床，床下铺干草，上面铺狍皮做的褥子。对门正面的铺位叫"玛路"，是客人和老年男人的位置。左右两侧的铺位叫"奥路"，是中年夫妇和青年夫妇的席位。斜人柱的中央是终年不熄的火塘。"玛路"席正中上方挂着四五个桦皮盒，这是供奉"布如坎"（神偶）的地方，"玛路"右侧供奉着在狍皮上用马尾刺绣的"昭路布如坎"（马神）。在青年夫妇住的一侧，斜人柱顶上搭着横木杆，是吊孩子摇篮用的。

斜人柱结构简单，拆盖容易，所用原料在大森林里几乎俯首即拾。它是鄂伦春族游猎生活的产物。这种较为原始的活动性住房只有在秋冬季外出狩猎时才偶尔搭建，用以栖身或暂避风寒。

鄂伦春猎人在搭建"撮罗子"（帐篷）

**（24）鄂温克族传统住房建筑**

鄂温克人称住房为"纠"。生活在牧区的鄂温克族从前也有过类似"撮罗子"的住房，外面用苇子或毡子苫盖，也有居住土房和木刻楞式板房的，但多数人家以住"俄儒格纠"

（蒙古包）为主。

"俄儒格纠"：即现在所称的"蒙古包"，以屋顶圆孔的名字而得名。蒙古包的木架是以上、中、下三节结构组成的圆包。夏天用柳条串成帘围在包的哈那外，用芦苇串成伞形帘，盖在上面挡雨，冬季用帆布外加毡子

鄂温克族传统建筑

围严，以保包内温度，近年冬季在包内床下搭热炕，效果也很好。蒙古包一般选在阳坡、地势较高、用水方便、靠近牧场的地方搭盖。在搭盖蒙古包时，雨季要搭得斜度大些，以防漏雨；冬季为免受强风吹袭，斜度小些。包内有床、炉子，有木箱柜、桌子等用具。为便于游牧生活，鄂温克牧民还有专门存放物品的库车，可套上牛马拉走。

**（25）清水河县窑沟建筑**

清水河县窑沟建筑，是一处烧窑历史悠久，建筑文化遗产特色鲜明的烧造生活瓷器的窑炉场。

虽然历经数百年，但至今为止该窑炉场还在使用当中。其主要生产烧制一些大缸大罐，

生产大缸的窑炉

而当地许多房子就是用缸和罐简易建造成的。

清水河县窑沟简易房子

（26）应昌路故城遗址

该遗址位于内蒙古克什克腾旗达日罕乌拉苏木达里湖南岸，又名鲁王城。

遗址正式建置于元朝二十二年（公元1271年），是元代弘吉剌部所建的城郭，在元代，它与大宁路、全宁路同为塞北三大历史名城。以应昌路城址为中心，城外西面为白塔寺遗址，东北为元代墓葬群；城外东边有城隍庙和十三敖包遗址，南侧有关郊遗址；城外东南的曼陀山下发现龙兴寺遗址和应昌县遗址等，形成总面积达20平方公里的遗址群，保存极好。鲁王城呈长方形，南北长800米，东西宽650米。城内设内城，呈方形，边长230米，初为鲁王府第，后为皇帝宫殿。城内中部靠北为宫殿基址，汉白玉石柱础保存完好，四面各有一门楼建筑；南部分布井字形街道，为市区，此外，城内还有社祭坛、儒学、孔庙、

应昌路遗址全景航拍图

报恩寺等遗址，粗大的汉白玉石基清晰可辨，古迹文物比比皆是，历史上，鲁王城是南接元上都、六大都，北连锡林浩特、和林、乌兰巴托的枢纽，也是中国南货北上的聚集地及旅蒙客商的货栈，在当时鲁王城西山上建的白塔犹如路标，指示着驼队、商车的往来。

**结语**

内蒙古悠久的建筑历史像一部厚厚的书，
又如同是一面明亮的镜子。
当新时代的建筑师向前奋进的时候，
可想过翻阅一下草原先民历史建筑的卷册？
当我们取得成绩或者遇到困难时，
也应当在历史的明镜前沉思、对照。
内蒙古的历史建筑，
是伟大中华民族建筑历史宝库中的瑰宝，
是一部壮美而又深沉的建筑史诗，
愿我们都从中获取科学的启迪和智慧，
为谱写更加壮美的草原文明新篇章而奋斗！

# 附录二
# 论内蒙古长城建筑的技术和建筑工程方式

长城是我国现存体量最大，分布最广的文化遗产。内蒙古长城是中国长城的重要组成部分，全长7570公里，约占到全国长城总里程的三分之一。内蒙古的长城包括战国赵、燕长城；秦、西汉、东汉长城；北魏、北宋、西夏、金、明等多个历史时期的长城。分布于全区12个盟市的76个旗县区境内。

长城的防御工程建筑，在两千多年的修筑过程中积累了丰富的经验。但是，由于历代工匠"作而不述"的传统，使得其宝贵经验流传下来的寥寥无几。为了及时总结和研究古代先民工匠们的经验，根据多年的调查研究，对内蒙古长城的建筑技术和工程，总结为以下几点：

## 一、内蒙古长城的建筑方法

（1）修建山险墙和劈山墙。即利用自然山险或将一些悬崖绝壁劈削而成。山险墙是利用高山的险阻嶂壁为墙。在呼和浩特武川县南部和乌兰察布卓资县北部的大青山山谷里的"当路塞"，就是汉代利用高山谷口修筑的一种山险墙。劈山墙是利用险峻的山岭，顺山势加以人工劈削而成。再如：呼和浩特清水河县老牛湾的明代长城，从阎王鼻子至黄河岸边的一段，也是劈山墙式的长城。

（2）利用自然山体的险阻筑长城以设防。"因地形，用险制塞"，这是蒙恬修筑秦始皇长城所遵循的一条重要原则和方法。这一原则和方法也是在总结先秦修筑长城经验的基础上提出的，并为后代所普遍采用。例如，在包头市固阳县的秦长城就是秦大将蒙恬利用阴山山地的险峻地形修筑的。这里的长城是沿山脊内低外高而筑，其间的"固关"（在固阳县康图沟村北）则是建在两山之间峡口

劈山式墙体（位于呼和浩特清水河县的明长城）

之处。这样既能控制险要，亦可节约人力与材料。呼和浩特和林格尔县南杀虎口的明代长城，也是沿山脊修筑的，因为山脊本身就好似一道大墙，再在山脊上修筑长城，就更加险峻了。这种建在山脊上的长城从外侧看去，非常陡险，但内侧却比较平缓低矮。这样既可以提高防御能力，又利于士卒上下供应军需。

（3）修筑烽燧、堡戍要仔细选择地形，因地制宜而建。宋曾公亮《武经总要》云："唐法，凡边城候望，三十里置一烽，须在山岭高峻处，若有山冈隔绝，地形不便，则不限里数。"说明修建烽燧也要利用地形，建在高山之上便于四面瞭望之处。

（4）因地制宜，就地取材。由于长城沿线地理情况不同，有高山峻岭，也有沙漠戈

依靠人力运送修筑长城材料场景复原蜡像

壁和黄土高原，为了避免长距离运输，节约人力物力，明以前修筑的长城在山区均采用石块，在平地则都用黄土。比如在今包头市固阳县北色尔腾山山脊上的秦始皇长城。因山上无土，全是岩石，遂就地取石块，垒砌成城墙。

又如在今乌兰察布察右后旗、四子王旗的金代长城，因所经系草原地带，无山石，故均为先挖壕沟再用挖出的土来夯土墙。

由于草原地区地势平坦无险可守，蒙古骑兵旋风般的进攻令女真人防不胜防。无奈之下，只有用深挖沟壕、高筑边墙的办法来防备"鞍马民族"的进攻。在平坦草原之地修筑界壕的方法为：先在平地挖壕沟，在壕沟南用挖出来的土建筑一道墙，这道墙名叫主墙；等到主墙筑好了，再在其南侧挖一条内壕，修起副墙，在其北侧挖上外壕。

包头市固阳县由石块垒砌的秦长城墙体

通过计算，任何一匹马在50米左右的距离内想要连续做4次腾空跳跃、翻墙过堑是不可能的。因为战马没有助跑要翻过主墙已很难；即使能够翻越主墙，但副墙和内壕也会让来者跌入壕中。为了万无一失，在壕内侧又筑有城堡且两城相连。城墙上士兵搭弓射箭，对付那些侥幸冲过来的骑兵；城内的士兵做后备队，与城墙上的士兵相互策应，随时准备参加战斗。到了明代，修筑长城所用的建筑材料除了土石之外，还有大量的砖、

瓦和石灰。这些建筑材料也都是于就近地方开设石场、窑场，采石和烧制砖、瓦、石灰。

（5）为了减轻劳动强度，在实践中创造出一些实际管用的土办法。例如：在运送大石上山时，可以安装绞盘，把大石头或者砖块绞上山去。此外，在深沟峡谷处还采用"飞筐走索"的办法，把维修长城的材料装在大柳条筐内，从绳索上滑到对面的工地上；还利用善于爬山的驴、骡等动物把砖石驮运上山。

其次再来看它的建筑，长城结构并不只是一道单独的城墙，而是由城墙、敌楼、关城、墩堡、营城、卫所、镇城烽火台等多种防御工事所组成的一个完整的防御工程体系。这一防御工程体系，由各级军事指挥系统层层指挥、节节控制。

运输绞盘和电线上山

运送修筑长城材料的队伍

## 二、修建长城的夯层、材料、方法等建筑方法各代不同

（1）内蒙古长城的城墙或以不规则的石块垒砌成石墙，或者用板筑夯为土墙（一般要开挖30厘米的基础）。战国时期，内蒙古境内的战国赵、燕长城均采用板筑夯土墙的方法来建长城。这也是我国最早采用的筑城方法。所谓板筑就是两板相夹，内填黏土或灰石，一层一层地用杵夯实。用这种方法修筑的土墙就是板筑夯土墙。战国夯筑的夯土墙，夯层较薄，一般为9～10厘米；到汉代渐加厚，一般为10～12厘米。长城土墙的底宽顶窄，顶部宽度一般为墙宽的四分之一至五分之一。

（2）战国时期秦长城除大部分是夯土筑墙外，也有的山地段落是石砌墙。秦汉时期的石筑墙，就比战国时期前进了一步。例如，在今包头市固阳县北色尔腾山山脊上的秦始皇长城，因山上无土，全是岩石，古人就地取石块，运用大大小小的石块来垒砌城墙。从包头市固阳北部的秦始皇长城的石砌墙来

内蒙古包头赵长城遗址战国

看，均采用比较规则的片石。虽然是毛石，但是选择平面砌墙，上下两层石块勾缝，直立而起，高达5米。这样的石筑城墙，能承受更大的垂直荷重。到了明代，修筑长城所用的建筑材料除了土石之外，还使用青砖砌墙。对于墙体的边角与基础部位，还用石条来加固。因此，在长城的一些段落附近，可

以发现采石场的遗迹。例如：在呼和浩特清水河县海拔1600米的萨木塔明长城附近，发现有多处采石场遗迹。用青砖、石块垒砌成长城墙体，或者长城包砖、包石条的建筑墙体，可以在呼和浩特清水河县、乌兰察布市凉城县的明代长城遗址看到。

运用砖石砌墙由于山石承重力好，又能抗御自然侵蚀，所以砖石砌的城墙、敌楼、城门，均以条石作基础。砌筑到离地面1米多高，上面再砌大城砖。由于砖的体积小，重量轻，

呼和浩特清水河县二边小元峁明长城墙体

使用灵活，便于施工，所以就用来砌筑城墙的上层。这样的结构更加坚固，对当时的各类兵器具有更强的抵抗能力。

（3）到了明朝，长城建筑技术有了很大的改进，许多地段采用了整齐的条石和大城砖砌筑。例如，通过呼和浩特市清水河县北堡乡口子上村的明长城，可以看出内蒙古明长城城墙的构造情况。北堡乡口子上村的明长城建筑结构为：在墙基外用经过锤凿加工平整的大条石砌筑，内部填满土石块。墙基以上的墙身，用大城砖砌成，外砖内土，白灰勾缝。城墙顶部用三四层砖铺砌，面上一层用方砖，石灰勾缝。墙面陡峭处还砌成梯道，以便上下。

在长城施工过程中为使墙坚城固，发挥防御效能，历代都极重视建筑质量。石筑长城先要找平地基，垒石平砌，上下咬缝，以避

免塌陷。明代砖石合筑的长城对质量要求更为严格，所砌条石、城砖都是平行的，墙缝笔直。土筑长城多是夯土筑墙，如在内蒙古南境和山西北部一带的明长城有相当段落是版筑土墙。这种城墙也很坚固，虽经数百年风雨侵蚀，其遗迹至今犹存。

（4）所谓"蒸土筑城"方法的解密。经过分析研究，该方法就是以胶泥为主，掺石灰、细沙、加水发酵，搅拌捣匀，然后铺筑，待稍微干燥，用平夯打实，再铺第二层。因生石灰遇水后释放出大量热量，故名蒸土。蒸土也可以说就是现在的"三合土"。因用蒸土筑城坚固耐久，故后来在有条件的沙漠地带修筑长城也采用了三合土。

### 三、长城体系中烽燧（烽火台）的建筑方式

（1）与修筑城墙不同的是，修筑烽火台需要先把泥土运到台址附近，然后在台址旁择一高地，做一条土筑栈道。人们推车抬筐把土从栈道上运到台址处，填土夯筑。随着烽火台一层一层地加高，栈道也相应地加高和延长。待筑至十几米，工程将要告竣时，拆除栈道，等上部设施全部完工，一座烽火台便立在山冈上了。

（2）修筑烽火台，还采用绑扎脚手架的方法进行。人登上脚手架，逐层填土，夯筑成墩。脚手架，就是用麻绳绑木杆，围着烽火台立起一个大木笼，然后在木笼上搭上踏板，

长城上的烽燧

以便上下。我们从内蒙古地区明代次边的烽火台遗址上可以看出，台的周围常常留有碗粗的圆孔，有的是上下交叉孔，有的则为一排排圆孔，一层又一层直到顶上，这就是绑脚手架遗留下的痕迹。

又如毛乌素沙漠统万城的角楼高达40米，今楼的周围仍有一层层密集的椽孔，从下部直到上部，各层之间相距数米。因此，统万城角楼也是用脚手架修筑起来的。脚手架已比土筑栈道前进了一步，直到今天建筑上仍在采用。

清水河县二边板申沟敌台

### 四、关城的修建方式

（1）关城是万里长城防线上最为集中的防御据点。关城设置的位置至关重要，均是选择在有利防守的地形之处，以收到以极少的兵力抵御强大的入侵者的效果，古称"一夫当关，万夫莫开"，生动地说明了关城的重要性。

古人修筑长城，先要进行规划设计而后才进行施工。在长城施工时，由于长城工程工地很长，而且蒙古高原人烟稀少、交通运输困难，因此长城施工十分艰辛且复杂。为了便于管理，保证质量，加快工程速度，历代多采取分段包修，各负其责的办法。这种办法并与防守和经常维护相统一。例如，在内蒙古境内的明长城当时分属山西、延绥、大同三镇所管，其修筑也是由三镇分别负责。

三镇的部队中有一批为专职的。据《偏关志》记载："明成化二年（1466年）总兵王玺建，东起老营丫角山，西抵黄河老牛湾，南折黄河崖抵河曲县石梯隘口，延袤二百四十里。"这就是说，位于清水河县南境的偏关大边是由山西总兵负责修筑的。

（2）据《明史·兵志》："先是翁万达之总督宣大也，筹边事甚悉……乃请修筑宣大边墙千余里，烽堠三百六十三所。"翁万达在任宣大总督时，曾对长城分段设计，提出修筑方案。大同宣府两镇，总计修长城1669里，翁万达在任期间完成800里。因大同外围地势平旷，最为难守，复于长城之外挖壕堑，壕外又广种树木，以防骑兵的冲击。

## 五、修筑长城的人员情况

长城古往今来长城不仅是在军事、文化方面对中国发挥着作用，更是中华民族的不朽的标志。长城的雄伟气势令人感叹，但是感叹之余不得不让人想起修筑长城的艰巨，长城上的砖瓦土石都是靠人力运输和修筑的，浸透着古代劳动人民的血汗。

（1）戍边士卒为筑长城的主力。《史记·蒙恬列传》记载，秦始皇北逐匈奴后，以戍边的三十万大军修筑长城，历时九年始完成。《金史·张万公传》载，金修西南、西北路，沿临潢到泰州的界壕，是以三万士卒连年施工才告竣。金章宗永安五年所补筑的西北路长城的女墙副堤也是由戍军完成的。

（2）大量强征民夫服劳役和招募饥民。如秦始皇时修筑长城除动用几十万军队外，还征调了五十万左右的民夫。北魏"发司、幽、定、冀四州十万人"筑畿上塞围。隋大业三年修筑在今内蒙古境内的"西距榆林、东至紫河"的一段长城时，征调男丁达一百余万。

（3）专职修长城的部队。据《历代长城考》载，在今准格尔旗南境大战村的紫城岩，是明成化七年延绥镇巡抚余子俊部队所修边

墙的一部分。另在乌兰察布地区南境的明代外边，属大同镇管辖，为正德年间（1506～1521年）宣大总督翁万达的部队所修。

## 结语

内蒙古历代长城历经战国、秦汉以来两千多年的修建，由古代劳动人民凭借着血肉之躯历经千辛万苦在崇山峻岭、荒漠戈壁上所修建，长城工程所创造出的高超的建筑技术工艺，集中体现了中华民族的勤劳智慧，它所体现的精神对中国人来说是意志、勇气和力量的标志，象征着中华民族伟大意志和力量。其中一些优秀的工程建筑理念与技术实践，至今依然具有重要的参考价值，值得我们在维修保护长城的工作中学习借鉴。

位于内蒙古阴山的秦长城遗址

## 清代绥远城的兴建与发展

清雍正十三年（1735年），雍正帝命大臣"赴归化城，视形胜地，筑城驻兵屯田"。乾隆二年（1737年）在归化城东北五里许，"大青山拥其后，伊克图尔根、巴罕图尔根之水泡其前，喀尔沁之水带其左，红山口之水会其右，地势宽平，山林拱向"的地方兴工，乾隆四年（1739年）完工，赐名绥远城。绥远城地处要冲，号称"北国锁钥"，大黑河水抱其前，喀尔沁水带其左，红山口水会其后，可谓一方风水宝地。当地百姓因绥远城为新建之城，故俗称"新城"，相对应称呼归化城为"旧城"。

绥远城东北角楼

绥远城的城工始于清朝乾隆元年（1736年）十月，为安排八旗将士驻防，先盖住房。次年二月，始建城墙、城门、角楼、鼓楼等建筑物，形成了边驻防边城工的局面。乾隆二年夏，清廷令右卫将军率八旗将士迁驻绥远城。乾隆四年（1739年）六月，绥远城竣工。

绥远城基本上是仿照北京城的形制建造的，为正方形，街道笔直，城区呈棋盘状。城垣长1960丈，每面城墙各为490丈，城高2.95丈顶阔2.5丈，底宽4丈，并筑40座马面。城墙建有女儿墙，高为0.35丈。四周城墙上建有炮台共44座，每面城墙列炮10门，

城墙四隅各列炮1门。城墙四角各建角楼1座，面阔七楹。每面城墙上建有昼夜巡察兵所居堆拨（哨房）8处，每处有房3间。城墙外表均为大青砖包砌，内为三合土（砂石、石灰、黏土）夯土板筑；墙基由花岗岩条石砌筑，为明三暗二式。绥远城城墙在1958年基本被拆除，现只存东北角城墙698米，2006年被列为全国重点文物保护单位。

绥远城之东、南、西、北各面城墙中心各辟一城门，各城门名由乾隆皇帝亲赐；东门

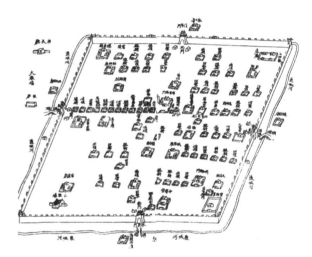

绥远城衙署寺庙分布图

曰迎旭门，南门曰承薰门，西门曰阜安门，北门曰镇宁门。城门名刻在一长方形汉白玉石上，均为部颁楷书，有满汉蒙文三种文体，置于各城门洞之上方。各城门之上建有城门楼，为二层三间周围廊。东城门楼曰得树，南城门楼曰仰日，西城门楼曰控河，北城门楼曰吞山。这四个城楼名各刻在一市匾上，悬于各城门楼的第二层中央楼檐下。为增强城垣之防御能力，各城门外筑有瓮城，瓮城墙体之上筑有箭楼，楼各三楹；瓮城上建有祠庙和队子房各一座；箭楼与城门之间的墙饰上开有旁门，以便日常行走。城墙内靠近城门处，建有上城墙的梯道，俗称"城墙马道"，以方便人员携军械上下交通。绥远城之四周，

绥远城南门石匾承薰门

绥远城北门石匾镇宁门

环以护城河，河宽约5丈，正对四城门之河面上建有吊桥或石桥，以通内外。西南城墙转角处有一条泄水渠，可将城中雨水和废水排入护城河后流走。该城真可谓固若金汤，易守难攻。

绥远城中心建有一座钟鼓楼，高达20多米，为全城最高点。钟鼓楼分为四层。楼基

城墙垛口

可谓一层，呈棱台状，高约9米，基底三层由花岗岩条石砌成，条石上为大青砖砌筑。钟鼓楼一层四面之中各开有一约6米高、4米宽之石券门洞，可谓城中东、南、西、北大街之交汇点。四门相汇之中央顶部，有一块青色圆形巨石，上刻一精美的八卦图。二楼台面上，左右各建一小亭，左亭挂铁钟一口，右亭悬吊巨鼓一面；清代城内每晚初更、五更有专人播鼓三通和敲钟108响，以令旗民

作息。三楼南檐下中间有木匾一块，上刻绥远城定安将军手书"帝城云里"四字；北檐下木匾刻有兵部所颁"玉宇澄清"四字；西檐下木匾刻"震鼓惊钟"四字；东檐下则无匾。四楼为玉皇弥罗阁，南面檐下悬有"弥罗阁"巨匾一块，楼上供有檀香木雕刻的玉皇大帝像一尊。楼顶，插檐飞挑，青瓦覆盖，为鹊鸦燕雀之乐土。

绥远城以钟鼓楼为中心，以东、南、西、北街为界线，将城区分为四大地块。西北和西南两地块各有南北向的宽街4条、东西向的小街3条，此外还有数目不等的东西向小巷；东北和东南地块各有南北向的宽街3条、东西向的小街3条，此外也有数目不等的东西向小巷。故每一地块都呈"井"字状、棋盘式。全城共有大小街27条，小巷26条。需要说明，清廷在建城时，出于军事和风水上的考虑，故意将城门与城内四条大街的位置错开，在城门处形成了一个像辘轳把状的拐弯形，对此留下了一句有趣的满族民间俗语："四门不对，鼓楼不正，将军衙署坐当中。"

在钟鼓楼的西侧，有一片规模宏大的建筑群，这就是城中的统治者绥远城将军的办公衙署与住宅。这所衙署建于1737年，坐落于新城西街东端，坐北朝南，共有五进院，130间房屋，为城内之中心。衙署最南端是长29米、高4米、厚1.75米的砖瓦结构的青色大

壁，其中央上方嵌有"屏藩朔漠"石刻字碑一块。照壁北面是两根旗杆，上悬黄龙旗。照壁下还有一尊火炮，每日正午鸣炮，为全城官兵吃午饭的号令。旗杆北侧，和大照壁两端用鹿角栅（即1.5米高的墙上设置木栅栏）相连结的是东西两座辕门。清代，满民东来西往，不能穿行辕门，只能从大照壁的南面小路行走。衙署大门前两侧有一对精雕细刻、造型雄浑的石狮。石狮两侧建有钟亭和鼓亭。

将军衙署府门

衙署门宽为三间，进门后迎面为仪门，过仪门依次坐落着大堂、二堂、三堂、四堂和后宅院。大堂和二堂是将军决议军政的办公场所，三堂、四堂属后宅，是将军及家眷的居住处。大堂、二堂两侧分别建有左司、右司、印房等官署。此外，衙署中还建有前锋营、回事处、文案处、官厅、土默特官厅、箭亭、更房等建筑。衙署西南角是浓香四溢的花园，东墙外是1930年建筑的著名大花园——澄园。清代，绥远城将军的权力极大，他坐镇衙署中，不但统辖城中驻防八旗兵和归化城土默特两翼旗蒙古，还可节制乌兰察布盟、伊克昭盟蒙古诸旗；遇有战事，还可调遣大同、宣化两地的绿营兵。绥远城初成时，建有许多官署衙门，除将军衙署外，有副都统衙署2所，协领衙署12所，佐领、防御、骁骑校衙署各60所，笔帖式衙署4所；清朝中后期，这些官衙多有裁汰。此外，绥远城中还建丰裕仓、

绥远城将军衙署